U0162566

海洋工程装备 CAD 制图

刘贵杰　夏广印　谢迎春　穆为磊　著

科学出版社

北　京

内 容 简 介

  AutoCAD 是一款通用 CAD 软件，目前已经广泛应用于机械、建筑、电子、航天和水利等工程领域。AutoCAD 的适用性强，与其他软件的数据交换方便，用户很广。然而，受其通用性的限制，其在特定行业不如特定专业软件简单易用。如在机械行业，与 CAXA 软件相比，AutoCAD 没有专业的图库，也不太适合自定义图库。由于行业的特点，不同行业用到的 AutoCAD 功能和频率并不完全相同，本书以船舶与海洋工程行业为背景，介绍 AutoCAD 的基本功能和行业内常用的功能。由于在船舶与海洋工程行业中，AutoCAD 通常仅作为一个二维软件使用，所以本书仅介绍其二维制图功能，暂不涉及三维制图。

  本书适用于高等院校的 AutoCAD 教学，尤其是船舶与海洋工程及相关专业院校的 AutoCAD 教学。同时，本书也适用于 AutoCAD 的初学者，还可用于船舶工程相关职业的技能培训等。

图书在版编目（CIP）数据

海洋工程装备 CAD 制图/刘贵杰等著. —北京：科学出版社，2021.11
 ISBN 978-7-03-067759-4

 Ⅰ. ①海… Ⅱ. ①刘… Ⅲ. ①海洋工程–工程设备–工程制图–AutoCAD 软件 Ⅳ. ①P75-39

中国版本图书馆 CIP 数据核字（2020）第 263839 号

责任编辑：周 炜 罗 娟 / 责任校对：邹慧卿
责任印制：师艳茹 / 封面设计：陈 敬

科学出版社 出版
北京东黄城根北街 16 号
邮政编码：100717
http://www.sciencep.com
天津市新科印刷有限公司 印刷
科学出版社发行 各地新华书店经销
*

2021 年 11 月第 一 版 开本：720×1000 B5
2021 年 11 月第一次印刷 印张：14
字数：282 000
定价：99.00 元
（如有印装质量问题，我社负责调换）

前　言

　　AutoCAD 是一个通用 CAD 软件，适用于各行各业，有非常好的适应性。本书以船舶与海洋工程行业为背景，介绍 AutoCAD 的基本功能和行业内常用的功能。工程图样是工程界的语言，是表达设计思想最重要的工具。要将设计方案规范、美观地表达出来，不仅要掌握 AutoCAD 的基本绘图知识，还要了解船舶与海洋工程领域的相关制图规范。本书的目的就是使广大读者在船舶与海洋工程制图中能够熟练地使用 AutoCAD，绘制出符合规范的二维图样。

　　本书对船舶与海洋工程制图中常用到的 AutoCAD 基本绘图操作和基本编辑命令进行详细的讲解；对船舶与海洋工程制图中的标注规范进行系统介绍；对 AutoCAD 自带 VBA 进行入门指导。全书由浅入深，内容翔实，图文并茂，语言简洁，思路清晰，举例典型。全书共 6 章。第 1 章为基本绘图操作；第 2 章为基本编辑命令；第 3 章为标注；第 4 章为 AutoCAD 高级操作；第 5 章为 AutoCAD 自带的 VBA 编程入门；第 6 章为海洋工程结构物 CAD 制图实例。

　　了解 AutoCAD 并不难，精通则不易。想要应用 AutoCAD 高速度和高质量地绘图，必须非常熟悉 AutoCAD 的操作，做大量的绘图练习。因此，读者结合书中的经典工程图进行反复的上机练习将有助于提高 AutoCAD 制图能力。

　　本书内容撰写分工如下：夏广印负责第 1 章、第 2 章和第 6 章的撰写，刘贵杰、谢迎春和穆为磊依次负责第 3 章、第 4 章和第 5 章的撰写。此外，研究生王玉学、孙琦帅和王丰丰参与了图表的绘制，研究生高宇清、赵发杰和李梦娇参与了后期矢量图的修改。在此向所有参与本书编修的人员致以真挚的感谢。

　　在多年的工程和教学实践中，作者积累了一些船舶与海洋工程用 AutoCAD 制图的相关经验，借此书以飨读者。限于作者水平，书中难免存在疏漏和不足之处，敬请读者批评指正。

作　者

2021 年 1 月

目　　录

第1章 基本绘图操作

在 AutoCAD 绘图过程中经常会用到确定，也就是通常的回车键。但是，回车键不方便右手操作，因此为了操作方便，除文本输入外，AutoCAD 中空格键与回车键等效。

在 AutoCAD 中，鼠标的滚轮十分重要。向前滚动滚轮是对视图进行放大，向后滚动滚轮是对视图进行缩小，而按下滚轮拖动鼠标则可对视图进行移动。

对于视图的移动或放大、缩小的速度，有一个缩放速度比例的设置。这个参数为"zoomfactor"，是一个比例因子，为 1～100 范围内的整数。数值越大，滚动一圈放大或缩小的倍数越大；数值越小，放大或缩小的倍数越小。具体的数值要视当前绘制图形的大小进行设置，对于整体尺寸比较大的图形，通常这个比例因子设置得也较大；反之，这个比例因子就需要设置成比较小的数值。因为船舶和海洋工程的结构物尺寸一般都比较大，所以这个比例因子一般设置为 50～100。而绘制局部视图，或者轮机、电气专业的大比例图形时，这个比例因子可设置小一些。

1.1 线段、射线和直线

线段是 AutoCAD 和其他 CAD 软件中最简单也是最常用的命令。众所周知，线段是由起点和终点两个点连起来的，只要确定了起点和终点即可确定一条线段。因此，在学习绘制线段前首先需要知道在 AutoCAD 的坐标系中如何确定点。

1.1.1 坐标系与动态输入

在 AutoCAD 中，坐标系分绝对坐标系和相对坐标系。绝对坐标系就是相对于原点$(0, 0, 0)$的坐标值，表示方法为(x, y, z)。如果仅在平面内作图，z值可以缺省。如输入起点坐标$(0, 0)$，输入终点坐标$(100, 0)$，即可画出一条水平方向长 100mm 的线段。相对坐标系是相对于上一个点的坐标。例如，同样是绘制水平方向长 100mm 的线段，在图中任意点单击鼠标左键确定第一个点，然后输入相对坐标，在坐标前面加一个相对坐标的符号"@"，如"@100,0"。值得注意的是，AutoCAD 2006 及以后版本，AutoCAD 默认的方式为动态输入，不同的版本位置有所不同，图标也不太一样，默认为相对坐标。因此，如果以相对坐标的形式输

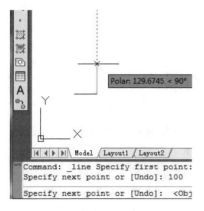

图 1.1　相对坐标的输入

入，不需要加符号"@"，输入的即相对坐标，如图 1.1 所示。可以在命令行下面的工具条上右键单击"Settings"，弹出如图 1.2 所示的设置，找到"Dynamic Input"选项，在左上角第一个框中可以看到"Pointer Input"设置选项，左键单击"Settings"，即可看到"Pointer Input Settings"工具，从上面可以看到默认的坐标为相对坐标，如果要输入绝对坐标，就需要把这个选项的设置改成绝对坐标。因此，建议平时作图时不要打开动态输入。

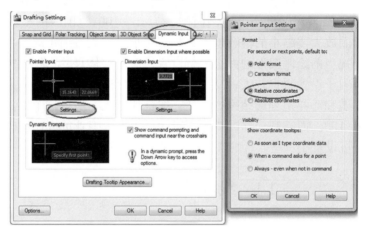

图 1.2　动态输入设置

1.1.2　正交与极轴输入

AutoCAD 还设置了更为方便的操作，只需输入长度即可，也就是正交模式和极轴模式，这两种模式只能选择一种。如果需要画水平或垂直直线，只需要输入长度即可，如图 1.3 所示。极轴模式默认为 90°，此时操作与正交类似，只是鼠标精度需要略高一些。当鼠标移到接近正交模式时，会有一条虚线。AutoCAD 还提供了一个角度设置，如设置成 15°，只要鼠标移动到接近 15°的位置，就会出现一条虚线，此时即可直接输入线段的长度，也就得到了该角度的线段。图 1.4 为极轴角度的设置，在命令行下的工具条中右键单击"Settings"，弹出如图 1.4 所示的设置，找到"Polar Tracking"选项左上角的"Polar Angle Settings"，在下拉菜单中选中 15°。图 1.5 为极轴操作模式，从图中可以看到线段的角度，这种方式下可以轻松输入 15°整数倍的角度。

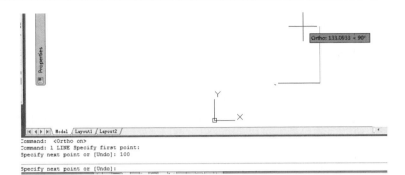

图 1.3　正交模式输入和极轴模式输入

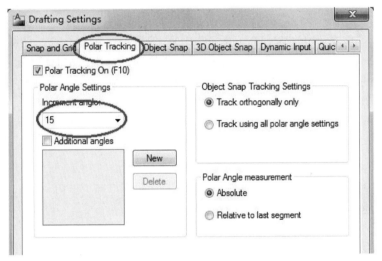

图 1.4　极轴角度的设置

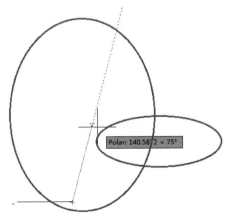

图 1.5　极轴操作模式

1.1.3　栅格与栅格捕捉

栅格与栅格捕捉是 AutoCAD 中不太常用的设置。用于画形状比较规则、尺寸又为整数的图形。相当于在图纸上打上一定尺寸的格子线，所有的点都在格子线的交点上，通过数格子的数量来确定具体的尺寸。

栅格和栅格捕捉通常成对使用，不用时都要进行关闭，不然在操作时会有"卡顿"的感觉。

栅格和栅格捕捉打开后绘图如图 1.6 所示。其中填充的一个小方格就是一个栅格的大小，左下角的"SNAP"和"GRID"就是"栅格捕捉"和"栅格"。从图 1.6 上可以看出，并非所有的捕捉点都在栅格的交点上，因为开了极轴，有的线被指定了角度，所以它就会在栅格的边界上，而不在交点上。栅格的大小可以进行设置。在左下角"SNAP"或"GRID"位置单击鼠标右键，如图 1.7(a)所示，在弹出的对话框中选择"Settings"。在设置对话框中，左上角有捕捉的 X 和 Y 方向上的间距，如图 1.7(b)所示。在右侧中部有栅格 X 和 Y 方向的间距，系统默认的间距均为 10 个单位。

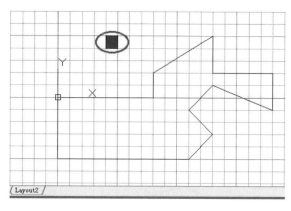

图 1.6　栅格和栅格捕捉

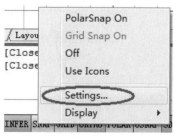

(a) 栅格设置的调用

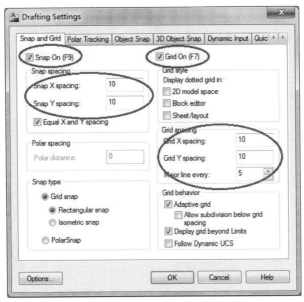

(b) 栅格设置的对话框

图 1.7　栅格设置的调用和对话框

1.1.4　系统开始设置

从 AutoCAD 2006 以后，新建文件的开始对话框就没有了，而是直接选择模板文件，如图 1.8 所示。如果不是自己创建的模板文件，就不知道选择的模板文件是英制的还是公制的，这样两个不同文件的图形相互 "copy" 时，就有可能出现因单位不同而产生的 25.4 倍差异。因此，如果没有现成的模板文件，还是用开始对话框比较方便。

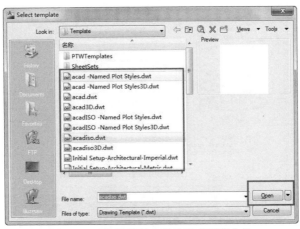

图 1.8　以选择模板文件的形式新建文件

在命令行输入"Startup",下一步输入参数 1,即可出现开始对话框。如图 1.9 所示,从左至右分别为 1 新建空白文件,2 选择模板文件和 3 按向导创建文件。其中,新建空白文件如图 1.9 所示,单位可以选择英制或公制。选择模板文件中可以选择已经创建的模板文件,创建模板文件的方法会在后文描述。按向导创建文件可以定制需要的文件形式。

图 1.9　开始对话框

1.1.5　捕捉设置

AutoCAD 的捕捉默认是打开的,但仅有部分打开。通常情况下,可以把所有的捕捉对象全部打开,如图 1.10 所示。

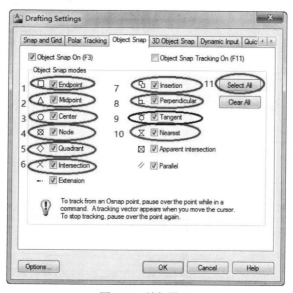

图 1.10　捕捉设置

下面介绍几个捕捉点。图中"1"为端点，主要是线段和圆弧的端点。"2"为中点。"3"为圆心，包括圆、圆弧和椭圆。"4"为孤立点，用得比较少，仅用于捕捉用点输入命令画出的点。"5"为象限点，指的是圆、圆弧和椭圆的 0°、90°，180°和 270°位置上的点。"6"是用得比较多的交点。"7"为插入点，指块的插入点，后面作块的时候会提到。"8"为垂足点，用于作垂线。"9"为切线，后面作圆的时候会提到。"10"为最近点，指的是已经存在的元素上的点，打开这个最近点有利于操作。

1.2　圆 和 圆 弧

1.2.1　圆的制作

在 AutoCAD 中，默认的圆操作是通过圆心和半径作圆。而实际上通常是知道圆心和直径，而不是半径，虽然大多数情况下从直径到半径的换算比较容易，但有一些英制的尺寸还是需要计算，用起来并不方便。

为了直接用圆心和直径作图，需要输入字母"d"。下面为操作步骤。

(1) Command: c CIRCLE Specify center point for circle or [3P/2P/Ttr (tan tan radius)]: 输入命令"c"，"c"为圆的英文单词"circle"的首字母，比较容易记。

(2) Specify radius of circle or [Diameter]: d Specify diameter of circle: 168.3 按提示应输入圆的半径或直径，此时输入字母"d"，也就是直径英文单词"diameter"的首字母，下一步即可直接输入直径的尺寸。

除了可以通过圆心和半径(直径)作圆，根据画法几何，还可以通过不在同一直线上的 3 个点或圆上的 2 个点加上半径作图。

根据上面(1)的提示，输入"3P"，即可拾取不在同一直线上的 3 个点进行作圆。如作一个三角形外接圆或内切圆，即可拾取三角形的 3 个端点或切点作圆，如图 1.11 所示。

值得注意的是，作内切圆时，AutoCAD 自动捕捉并不能直接捕捉到三角形边上的切点。需要采用切点捕捉的形式。可以采用以下 2 种形式，其中第 1 种最为方便，第 2 种容易掌握。

第 1 种：切点捕捉方法。当需要拾取第一个切点时，按住"Shift"键不动，单击鼠标右键，此时会弹出一个捕捉对话框，如图 1.12 所示。松开"Shift"键，左键单击"Tangent"，即切点。在第 1 条边上拾取第 1 个切点。然后会提示拾取第 2 个点，重复上面的步骤，按住"Shift"键，利用右键拾取"Tangent"。同样的方法可以作出第 3 个切点。

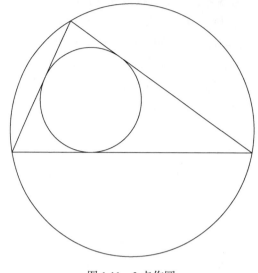
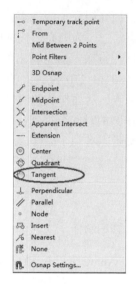

图 1.11　3 点作圆　　　　　　　　　　图 1.12　右键捕捉对话框

第 2 种：切点拾取方法。把其余的捕捉点全部关掉，只保留切点。如图 1.10 所示，在右侧的 2 个按钮中先选"Clear All"，此时所有的捕捉点就会全部取消，然后选上右侧从上向下数的第 3 个切点捕捉"Tangent"，左键单击"OK"。此时就只能拾取切点了。直接单击三角形的三条边即可作出内切圆。

根据上面(1)的提示，[3P/2P/Ttr (tan tan radius)，输入"T"，即可利用 2 点和半径作圆，只是这种方式比较特殊，2 点均为切点。

思考题：根据上述方法作两个圆的公切线，包括内公切线和外公切线。

1.2.2　圆弧的制作

在 AutoCAD 中，和尺规作图一样，提供所有具备基础条件的圆弧作图方法。

第一种为不在同一直线上的任意三个点作圆弧，也是最简单的一种。只需要输入圆弧的命令"a"，即圆弧的英文"arc"首字母，按顺序点圆弧上的三个点即可。

第二种为起点、终点和半径作圆弧。值得注意的是，在 AutoCAD 中，圆弧都是按逆时针画的。因此，在作图前必须先想好哪个为起点，哪个为终点。如果起点和终点选择反了，画出的圆弧则为以起点到终点为对称轴的对称圆弧。如图 1.13 所示，需要的是"A"圆弧，则点"1"应该作为起点，点"5"作为终点；反之，则画出圆弧"B"。

第三种是圆心、起点和终点作圆弧。如图 1.13 所示 R30 圆弧，同样为逆时针作圆弧，起点为点"6"，终点为点"7"。

下面学习作图 1.13 的典型肘板。

首先按点 "1、2、3、4、5" 的顺序作出直线。

然后画弧 A 和 R30 的圆弧。下面为圆弧 A 和 R30 的圆弧的做法。

值得注意的是：以起点、终点和半径作圆弧时，必须把动态输入关掉，否则可能会导致图形错误，或者根本画不出需要的圆弧。

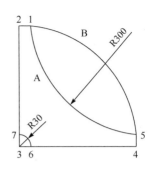

图 1.13　典型肘板图形

(1) Command: a ARC 输入圆弧的命令。

(2) Specify start point of arc or [Center]: 拾取圆弧的起点，选点 "1"。

(3) Specify second point of arc or [Center/End]: e 输入 "e"，确定作圆弧的形式，起点、端点和半径的形式。

(4) Specify end point of arc: 拾取终点，也就是点 "5"。

(5) Specify center point of arc or [Angle/Direction/Radius]: r 输入 "r"，确定圆弧的作图方式。夹角和方向通常难以确定，所以通常不采用。

(6) Specify radius of arc: 300 输入圆弧的半径。

以上步骤完成半径为 300mm 的圆弧 "A"。以下为半径 30mm 的圆弧作图步骤。

(1) Command: a ARC 输入圆弧的命令。

(2) Specify start point of arc or [Center]: c 输入 "c"，而不拾取起点，确定以圆心、起点和终点的作圆弧方式。

(3) Specify center point of arc: 拾取圆弧的圆心，也就是点 "3"。

(4) Specify start point of arc: 30 此处应输入圆弧起点，但是已知半径，所以起点应该为从中心点 "3"，沿直线 "3、4" 走一个半径长度 30mm，所以把鼠标放到直线 "3、4" 上，输入长度 30 即可确定起点 "6"。

(5) Specify end point of arc or [Angle/chord Length]: 由于圆心和起点确定了，终点的目的是确定圆弧的夹角，所以终点只需在直线 "3、2" 上单击任意点即可。

需要注意的是，以圆心、起点、终点命令作图时，需要把捕捉设置里的最近点选上。

1.3　矩　　形

矩形的命令为英文单词 "Rectang" 的前 3 个字母 "REC"。矩形的形状决定了只要选取对角线上两个端点的坐标即可确定这个矩形，所以在 AutoCAD 中，采用对角线上的两个点来画矩形。通常情况下，第一个点采用鼠标来拾取，另一个点利用相对坐标来输入。例如，画一个长边为 200mm、短边为 150mm 的矩形，用鼠标左键来拾取第一个点，然后输入对角线上点的相对坐标 "@200,150"，即可得到这个矩形。

在 AutoCAD 中，还提供了倒斜角或圆角的矩形形式。输入矩形命令 "rec"后，按照下面的操作步骤则可以输出一个 10mm × 10mm 倒角的矩形，如图 1.14所示。

Command: rec RECTANG　矩形命令 "rec"。

Specify first corner point or [Chamfer/Elevation/Fillet/Thickness/Width]: c　按提示输入 c 进行倒角。

Specify first chamfer distance for rectangles <0.0000>: 10　输入第一边的倒角的大小。

Specify second chamfer distance for rectangles <10.0000>: 输入第二边的倒角的大小。

图 1.14　10mm × 10mm 倒角的矩形效果图

1.4　椭　　圆

椭圆的命令为椭圆英文单词 "Ellipse"。默认的形式为以三点形式作椭圆，也就是椭圆的 3 个象限点。可以拾取第一个点后，输入长轴长(短轴长)，然后输入短半轴长(长半轴长)来作椭圆。例如，画一个 180mm × 90mm 的椭圆，先点击任意一点作为起点，然后鼠标向右移，输入长轴长 180，鼠标向上移，输入短半轴长 45 即可。

也可以根据提示，利用圆心和长半轴、短半轴来作椭圆。画一个 180mm ×90mm 的椭圆，具体操作步骤如下：

(1) Command: el ELLIPSE　输入椭圆的命令。

(2) Specify axis endpoint of ellipse or [Arc/Center]: c　根据提示输入圆心。

(3) Specify center of ellipse: 根据提示拾取椭圆的圆心。

(4) Specify endpoint of axis: 90　输入长半轴的长。

(5) Specify distance to other axis or [Rotation]: 45　输入短半轴的长。

由于采用椭圆绘制的图形无法被数据切割机识别，作施工图时需要以近似的椭圆来作图。在 AutoCAD 中提供了一种以 16 段圆弧近似的方法来作椭圆，类似于学习尺规作图时的 4 段圆弧作图，只是更精确一些。

作图要先修改椭圆的内部参数。输入命令"Pellipse"，把参数改为 1 即可。作出的图形效果如图 1.15 所示。

图 1.15　采用 16 段圆弧近似作椭圆

1.5　填　　充

填充命令用来填充剖面线或实体，也可进行过渡色填充。

填充剖面线的命令为"H"，也就是"Hatch"的首字母。填充对话框和填充图案列表如图 1.16 所示。需要操作的主要参数包括图 1.16(a)所示的参数。

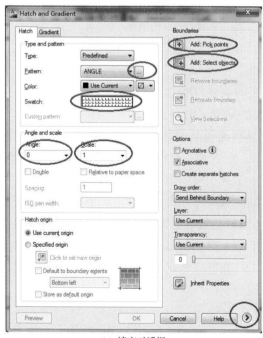

(a) 填充对话框

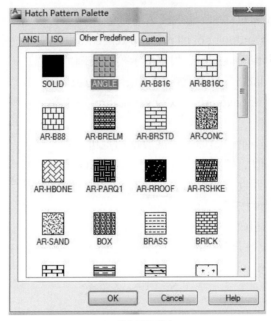

(b) 填充图案列表

图 1.16　填充对话框和图案列表

"Pattern"，填充图案，单击右侧的"…"，即可弹出各种填充图案列表，可以从中选取需要的图案。如图 1.16(b)所示。

"Swatch"与前面的图案一样，显示当前的图案，单击后面的图案，同样是弹出图案选择对话框。

"Angle"为图案的倾斜角度。

"Scale"为图案的缩放比例。

右侧上面有选择填充范围的两种常用方式，分别为"Add: Pick points"和"Add: Select objects"。前者为选取内部的点，后者为选取实体。

在右下角还有一个选项可以把对话框展开，如图 1.17 所示。展开后，有一个拾取内部点后的剖面线填充方式，通常情况下选择默认的形式即可。

AutoCAD 2004 以后的版本还提供了渐变色的填充方式。点开图 1.16 所示的对话框后，单击左上角上的"Gradient"选项，可以提供图 1.18 所示的渐变色填充方式。可以选用 1 种颜色填充或 2 种颜色填充。在每一种颜色后面有个按钮，点开后即可选择不同的颜色。

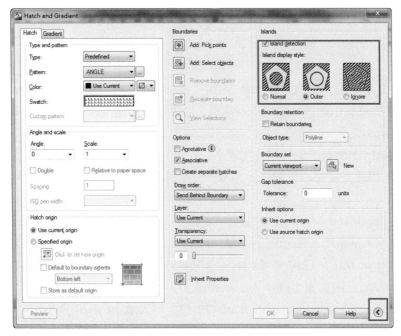

图 1.17 填充方式对话框

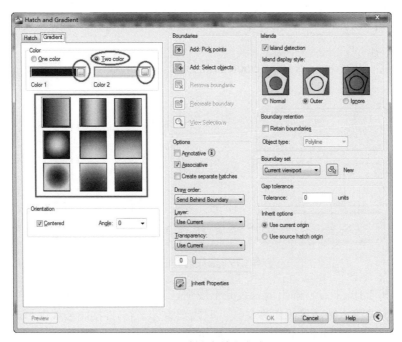

图 1.18 渐变色填充方式

1.6　云　　线

云线用来做修改标记，命令为"revcloud"，为版本"revision"和云"cloud"的英文单词组合。由于不常用，通常不采用输入命令的形式，而采用鼠标单击的形式。

AutoCAD 默认的圆弧尺寸比较小，画出的云线看上去不太好，如图 1.19 左侧所示。因此，需要调整圆弧的大小，调整后的效果如图 1.19 右侧所示。操作步骤如下。

(1) Command: _revcloud 激活云线的命令。

(2) Minimum arc length: 2　　Maximum arc length: 2　　Style: Normal Specify start point or [Arc length/Object/Style] <Object>: a 根据提示，修改云线圆弧的大小，默认为 2，输入 a(也就是 Arc length)。

(3) Specify minimum length of arc <20>: 30 输入最小的圆弧大小。

(4) Specify maximum length of arc <30>: 输入最大的圆弧大小，与最小的相同直接回车或输入空格键。

(5) Specify start point or [Arc length/Object/Style] <Object>: 直接画云线图形。

(6) Guide crosshairs along cloud path...

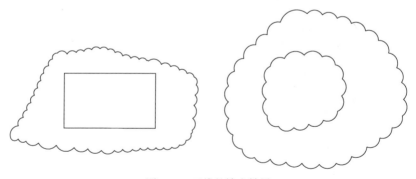

图 1.19　云线的输出结果

从图 1.19 来看，画出的云线并不规则。为了画出相对规则的云线，可以先用多义线或圆、椭圆等画出多义线。只需要在步骤(5)直接画云线图形时，输入"O"，即可直接画出规则的云线。效果如图 1.20 所示。

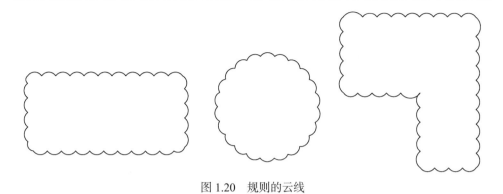

图 1.20 规则的云线

1.7 文 字 输 入

文字输入分为单行文字和多行文字。在 AutoCAD 中，单行文字的命令为"Text"，多行文字的命令为"T"或"Mtext"。

单行文字只能输入 1 行，格式也只是一种，如果需要输入一些特殊符号，则需要记住常用的特殊符号的表示形式。其中最常用的几个符号包括上划线"%%t"，为单词"top line"的首字母；下划线"%%u"，为单词"under line"的首字母；圆的符号(φ)"%%c"，其中"c"为单词"circle"的首字母；角度的符号(°)"%%d"，其中"d"为单词"degree"的首字母；加减号(±)"%%p"，其中"p"为单词"plus & minus"的首字母。如要输入一个字母串"直径φ100±5，倒角 1×45°"，则输入单行文字的内容为"%%u 直径%%c 100%%p5，倒角 1×45%%d"。

单行文字中的中文如果字体样式找不到或者为英文字体样式，则无法正常显示，通常显示为一串问号。如果字体为中文字体，部分版本中的"φ"会显示为方块。因此，在定义字体样式时最好是中文字体与英文字体分开定义，或者定义一种可以适用于中文和英文的字体样式。字体样式的定义在下拉菜单"Format\Test Style"中。

多行文字的格式可以是多种，特殊符号可以采用复制的形式，也可以输入其余的格式，如上下标等。上标和下标可以采用与 Office 一样的操作形式，例如，要输入"直径φ100$_{-3}^{+5}$，倒角 1×45°"，操作步骤如下。

(1) 输入"T"，然后用鼠标画出文本框的范围。

(2) 先输入"直径φ100+5^-3，倒角 1×45°"，其中的"φ"和"°"都是输入"%%c"和"%%d"后自动变化的。

(3) 选中文本"+5^-3"，然后单击文本对话框中的符号"$\frac{b}{a}$"，就可以变成上下标的形式。其中符号"^"的前面为上标，后面为下标，可以缺省，只保留上标或下标。选中文本"倒角 1×45°"，单击图标"U"，操作同 Office，可以加下划线，如图 1.21(a)所示。

(4) 单击"OK"即可得到需要的多行文字，如图 1.21(b)所示。

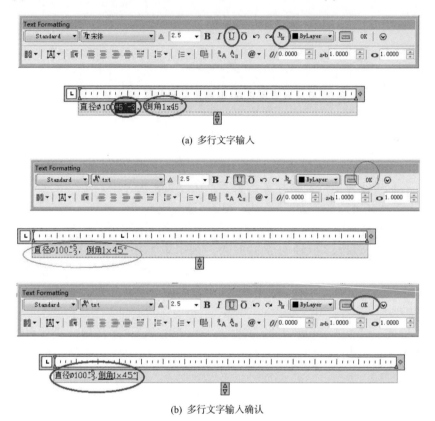

(a) 多行文字输入

(b) 多行文字输入确认

图 1.21 多行文字输入及确认

多行文字默认的情况下有一个宽度值，这个值为初始状态用鼠标拖放出来的。编辑完成以后，在移动时会拖一个长长的"尾巴"，这是因为通常拖放出来的文本宽会大于实际的宽度，如图 1.22 所示，把这个宽度调整为 0 即可。可以选中多行文本后，右键单击"Properties"，在弹出的工具条中，找到"Defined width"，把后面的参数改为 0。但是，在高版本 AutoCAD 中，有时候这个参数无法进行手动修改，这是因为高版本的 AutoCAD 中有一个分栏，默认为动态分栏。如图 1.23(a)所示，把动态分栏改为不分栏，可用鼠标把文本宽度拖放成 0，效果如图 1.23(b)所示。

图 1.22　多行文字移动

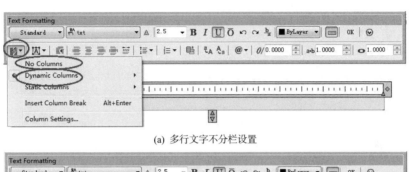

(a) 多行文字不分栏设置

图 1.23　多行文字不分栏设置及效果

(b) 多行文字不分栏效果

图 1.23　多行文字不分栏设置及效果

　　多行文字中的自动编号。在 AutoCAD 的多行文本框中，像 Office 软件一样提供了自动编序号的功能，如图 1.24(a)所示，进行多行文本的自动编序号。从图 1.24(a)中可以看出，序号离文本的距离比较远，并没有提供调整文本与序号距离的标尺。这是因为前面把多行文本的宽度改为了 0，需要把宽度调整回来后才能进行文本与序号距离的调整。如图 1.24(b)所示，把调整文本宽度的箭头拉开，然后调整上面的制表符即可调整文本与序号之间的距离，操作与办公软件 Office 类似。

　　多行文本的字体样式，通常同单行文体一样选择合适的样式。但是，在一些高版本的 AutoCAD 中，如果输入中文字体，会自动改变字体。因此，通常情况下，多行文本的字体与定义的字体样式会不完全一致，这一点与单行文本是不同的。在单行文本中，所有的字体与所定义的字体样式中的字体都是一致的。这使得单行文本可以轻易批量修改字体，而多行文本只能一个一个修改或者通过编程来进行批量修改。

　　多行文本还提供了大写字母和小写字母的相互转换、字体的斜度、字间距、字体的宽长比等参数，如图 1.25 所示。

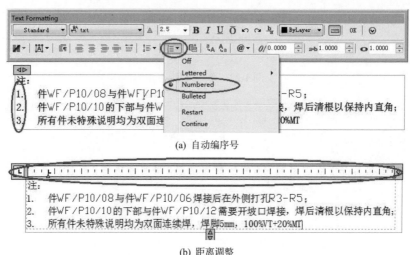

(a) 自动编序号

注：
1.　件WF/P10/08与件WF/P10/06焊接后在外侧打孔R3-R5；
2.　件WF/P10/10的下部与件WF/P10/12需要开坡口焊接，焊后清根以保持内直角；
3.　所有件未特殊说明均为双面连续焊，焊脚5mm，100%VT+20%MT

(b) 距离调整

图 1.24　自动编序号及距离调整

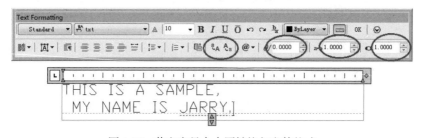

图 1.25　英文字母大小写转换与字体格式

1.8　正多边形

在 AutoCAD 中，正多边形是多义线的一种特殊形式，以正多边形的外接圆和内切圆的半径来确定。下面以内切圆直径 200mm 的正七边形为例学习正多边形的操作步骤。

(1) Command: pol POLYGON　输入正多边形的命令，"pol"。

(2) Enter number of sides <4>: 7　输入正多边形的边数。

(3) Specify center of polygon or [Edge]: 拾取正多边形的圆心。

(4) Enter an option [Inscribed in circle/Circumscribed about circle] <I>: c　输入形式为外接圆"i"(正多边形在圆内)还是内切圆"c"(正多边形在圆外)。

(5) Specify radius of circle: 100　输入内切圆半径。

思考题：作边长为 145mm 的正七边形(提示，可以利用相似多边形原理)。

1.9　块和块属性

1.9.1　块的制作

块的命令是块"Block"的首字母"b"。输入命令后块制作的对话框如图 1.26 所示。

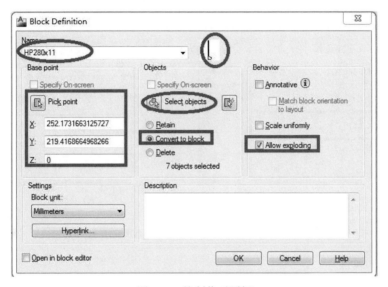

图 1.26　块制作对话框

对话框中需要注意以下几点：

(1) 块名称，位于对话框左上角，名称要与块的内容相关，以方便以后使用时查找。

(2) 插入点，默认为坐标原点，需要人为拾取插入点。单击"Pick point"，然后拾取块需要的插入点。如果不拾取插入点，以后插入制作的块时，有可能插入后难以找到该块的位置。因为坐标原点有可能离制作块的实体较远，并且远大于制作块实体的外形尺寸。

(3) 拾取需要制作块的实体，拾取后会出现在右上角的预览框中。拾取右侧的"Select objects"。

(4) 一般不需要更改的内容，一是中间的"Convert to block"选项为默认选项，不需要更改。如果不小心做了更改，就会出现不想要的结果。上面的选项为"Retain"，保留原样，如果选上此选项，制作块以后，会发现原来的内容仍然没有任何变化，但可以通过插入块来插入新制作的块；下面的选项为"Delete"，即删除，如果选中此选项，制作块后，不仅没有块出现，原图形也会被删除，同样，可以通过插入块的形式来插入新制作的块。

(5) 允许炸开(Allow exploding)。如果去掉该选项前面的钩，则制作的块无法被炸开。如果遇到这种无法被炸开的块，可以通过块编辑来进行修改，如图 1.27(a)所示，进入块编辑器中，选中里面的图形并复制。退出块编辑器后，粘贴到文件中，然后把它制作成块，使插入点和块名称均与原块相同，确定后会弹出与原来的名称相同的警告，如图 1.27(b)所示，忽略，直接覆盖，则该块即变成可以炸开的块。

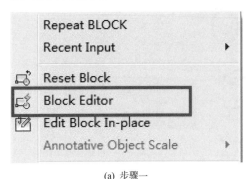

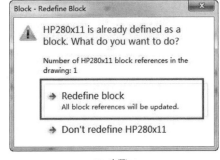

(a) 步骤一   (b) 步骤二

图 1.27　不允许块炸开改为允许炸开的操作

1.9.2　块的属性

块的属性从属于块的一部分，是对块进行文字标记的一种形式。一个包括块属性的块不仅包括若干个块属性，还包括若干图形。例如，要制作一个标准的 A3 图框，图框本身是不需要改变的，可以制作成块，而其中的图纸编号、页数、页码、图纸名称、比例等是随时变化的，所以这一部分随时变化的内容需要制作成块属性。下面就一个标准的 A3 图框制作来说明块属性的使用方法。

第一步，绘制一个标准的 A3 图框。大多数情况下，这个标准图框各个公司都会有现成的图形。如图 1.28 所示，先分配一个需要制作成块属性的文本。

图 1.28　分配需要制作块属性的文本

　　第二步，确认块属性需要的文本大小、对齐方式、文本样式(最后单独定义一个文本样式，以避免与其他文本重名)。如图 1.28 所示的图框，比例、版本号和图纸名称应为居中对齐，图纸编号和页数页码应为左对齐，字体应符合公司的统一规定。

　　第三步，制作第一个块属性，下面以比例为例介绍块属性的制作。单击下拉菜单"Draw\Block\Define Attributes"。确认后会弹出图 1.29 所示的对话框。

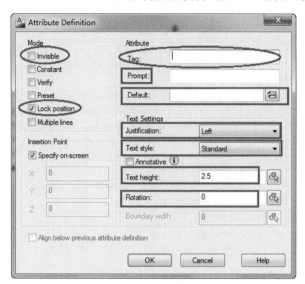

图 1.29　块属性定义对话框

　　其中，左侧的选项通常情况下不需要进行更改，如左上第一个"Invisible"，表示该块属性不可见，只有需要把该块属性删除，并且后期有可能需要时才会用到。就算出现了该块属性内容需要空白时，把填写的"Value"里留为空白即可。左侧从上数第 5 个"Lock position"为锁定位置，默认勾选即可。

　　右侧上数第一个为"Tag"，也就是块属性标记，命名原则为该文本需要表示的内容的总称，如图纸编号、比例、图纸名称等。

　　右侧上数第二个"Prompt"为提示，也就是提示需要输入什么内容，如"请输入图纸编号"、"请输入图纸比例"、"请输入图纸名称"等。

　　右侧第三个为"Default"，即默认值，可以缺省，也可以填写一个常用值。

　　右侧中部还有文字的对齐方式和文本样式，按上面的第二步要求选取即可。

　　右侧下方为文本的字体大小和旋转角度，根据原来图框中的文本大小和旋转角度填写即可。

　　完成以上步骤以后，单击"OK"。确认以后可以看到，此时的块属性与单行文本的显示区别不大，只是显示的内容并不是填写的"值"，而是"标记"。此时并不需要管它。

　　第四步，制作第二个和后面的几个块属性。制作方法可以重复第三步。也可以复制前面做好的块属性到指定的位置，然后右键单击"Properties"。在弹出的对话框中可以找到需要修改的内容，如图 1.30 所示，直接修改为需要的块属性即可。

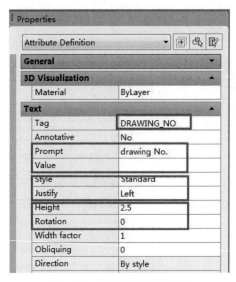

图 1.30　块属性特性对话框

　　第五步，选中前面几步做好的块属性并与图框一起制作成块。制作完成后，会弹出一个块属性内容填写对话框，此时填写的均为需要的"值"。如图 1.31 所

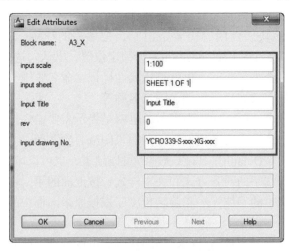

图 1.31　块属性填写对话框

示，可以此时填写好需要的"值"，也可以不填写，以后再填写。以后需要修改或填写内容时，只需要双击块，弹出的对话框与图 1.31 相似，直接在对话框中填写即可，此时块的名称并没有修改。同样，复制几个相同的带块属性的块，这几个块名称相同，形状也完全相同，但块属性的内容可以不同。

1.9.3　带块属性的块的修改

带块属性的块双击时弹出的是块属性填写对话框，所以不能像普通的块修改一样进行双击修改。需要选中带属性的块以后，右键单击，选择"Block Editor"进行修改，如图 1.32 所示。修改完成以后，关闭块修改编辑器并保存即可。

但如果对部分块属性进行修改，关闭后发现有块属性的部分并没有出现想要的结果，这是 AutoCAD 没有同步造成的，需要人为对它进行一次同步。单击下拉菜单"Modify\Object\Attribute\Block Attribute Manager"，弹出块属性管理对话框，如图 1.33 所示。在块选择中找到需要同步的块名称，然后在右侧单击"Sync"，即可实现块属性的同步。当然，此时还可以进行块属性编辑。完成以后，单击"OK"确定即可。

图 1.32　带属性的块修改对话框

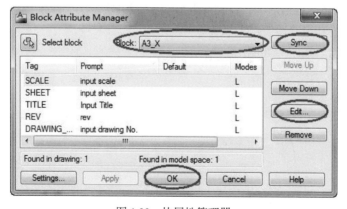

图 1.33　块属性管理器

1.10　多　义　线

在 AutoCAD 中提供了多义线的制作，也是早期的数控切割机唯一可以识别的线形。

制作多义线的命令为"pl"，也就是"PolyLine"或"PLine"的简写。下面以制作一个 600×800 的人孔形开孔为例说明多义线的使用。

Command: pl PLINE　输入多义线命令。

Specify start point: 拾取起点。

Current line-width is 1.0000，Specify next point or [Arc/Halfwidth/Length/Undo/Width]: 200　输入第一段直线的长度。注意此时应把鼠标拉到水平或垂直状态。并且要处于极轴打开的状态。

Specify next point or [Arc/Close/Halfwidth/Length/Undo/Width]: a　输入圆弧的命令。

Specify endpoint of arc or [Angle/CEnter/CLose/Direction/Halfwidth/Line/Radius/Second pt/Undo/Width]: 600　输入圆弧的直径，完成第一段 180°的圆弧。此时应把鼠标拉到与第一段直线垂直的状态。

Specify endpoint of arc or [Angle/CEnter/CLose/Direction/Halfwidth/Line/Radius/Second pt/ Undo/Width]: l　输入改为直线状态。

Specify next point or [Arc/Close/Halfwidth/Length/Undo/Width]: 200　输入第二段直线的长度。此时的鼠标应与第一段直线平行。

Specify next point or [Arc/Close/Halfwidth/Length/Undo/Width]: a　输入圆弧的命令，改为圆弧输入。

Specify endpoint of arc or [Angle/CEnter/CLose/Direction/Halfwidth/Line/Radius/Second pt/Undo/Width]: cl　直接封闭图形，完成图形的制作。此时的鼠标也应处于垂直第一段和第二段直线的状态。

制作成的人孔图形如图 1.34 所示。

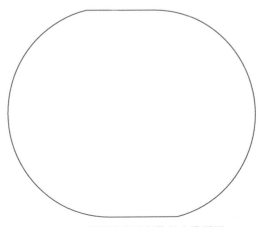

图 1.34　采用多义线制作的人孔图形

1.11　多　　线

在 AutoCAD 中，虽然名为多线，英文为"Multiline"，命令为"ml"，但实为双线。操作中需要确定的一个是双线间距，另一个为相对插入点的对齐方式。下面以宽度 50mm 的双线为例介绍操作方式。

Command: ml MLINE　输入双线命令。

Current settings: Justification = Top, Scale = 20.00, Style = STANDARD　当前的设置，对齐方式为顶部对齐，宽度为 20mm，样式为标准。

Specify start point or [Justification/Scale/STyle]: s　输入比例命令，也就是双线间的距离。

Enter mline scale <20.00>: 50　输入双线间距。

Current settings: Justification = Top, Scale = 50.00, Style = STANDARD　显示了当前的设置，对齐方式为顶部对齐，双线间距为 50mm，样式为标准。

Specify start point or [Justification/Scale/STyle]: j　输入对齐方式的命令。

Enter justification type [Top/Zero/Bottom] <top>: z　输入对齐方式为中间对齐。

Current settings: Justification = Zero, Scale = 50.00, Style = STANDARD，显示了当前的设置，对齐方式为中间对齐，双线间距为 50mm，样式为标准。

Specify start point or [Justification/Scale/STyle]:，拾取起点。例如，制作轨道线，该点为需要制作轨道线的虚线起点。

Specify next point: 拾取下一点。如制作轨道线，该点为需要制作轨道线的虚线终点。

……

输出的双线一般用于制作轨道线，中间采用虚线或一定宽度的多义线，宽度设定为与双线间距相同，如图 1.35 所示。

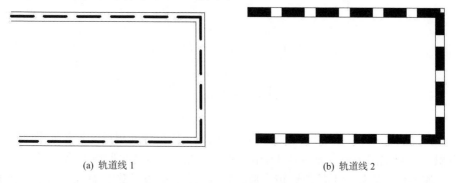

(a) 轨道线 1　　　　　　　　　　　　　　(b) 轨道线 2

图 1.35　利用双线制作的轨道线

1.12　样　条　曲　线

样条曲线在 AutoCAD 中用来表达光顺的曲线，特点是动其中的一个点时，相邻两侧 2 个点动，第 3 个点以外的点不动。

值得注意的是，样条曲线尽可能地少采用或不采用。一是因为样条曲线无法被数据切割机识别，转化为生产图纸时需要再次转化为多义线；二是因为样条曲线多了以后，在操作时容易造成死机，严重影响工作效率，并且极有可能造成数据丢失，尤其是样条曲线多而密的设备图形，需要转化为多义线后才能不死机。

1.13　点

在 AutoCAD 中提供了孤立点的命令。但是，通常一个个孤立的点并没有意义，常需要的是等分点。

等分点可以利用下拉菜单"Draw\Point\Divide"制作。可以等分的图形包括线段、圆(椭圆)、圆弧(椭圆弧)、多义线、样条曲线等。图 1.36 为不同类型曲线的等分点。

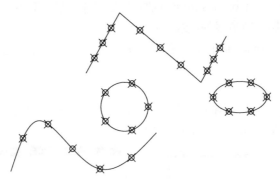

图 1.36　不同曲线的等分效果

1.14　面　　域

在 AutoCAD 中提供了距离、面积、周长、体积等的测量工具。如果要测量面积，需要把图形制作成一个封闭的图形，如圆、多义线形成的多边形等。但是，如果想要测量图形的惯性矩、形心等数据，就需要转化为面域。例如，要测量一个附带 600mm×10mm 带板的船用球扁钢(编号：HP200*11)的剖面模数，就需要知道它的惯性矩和形心，然后进行相除。下面介绍一下其用法。

(1) 先画出 600mm×10mm 的一个矩形和 200mm×11mm 球扁钢，画的时候可以在任意位置，如图 1.37 所示。

图 1.37　画出的带板和球扁钢

(2) 把球扁钢和带板移到一起，如图 1.38 所示。因为不关心相对于左右方向的位置，所以只要移动到一起即可，球扁钢相对于带板左右的位置并不重要。

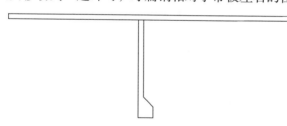

图 1.38　移动到一起的有带板的球扁钢

(3) 作面域。可以以选中图形的方式，也就是框选的形式选中球扁钢和带板，然后点面域的命令。也可以以拾取点的形式进行，也就是先输入命令 "Bo"，会弹出图 1.39 所示的创建面域的对话框。需要在中部的 "Object type" 中选择 "Region"，然后单击对话框上部的 "Pick Points"，拾取球扁钢和带板内部的点，即可制作两个独立的面域。

图 1.39　以创建边界的形式创建面域

(4) 把两个独立的面域进行合并。在 AutoCAD 的非绘图区域，单击右键，如图 1.40 所示，在弹出的对话框中找到"Solid Editing"和"Inquiry"并单击，调出实体编辑和查询工具条。如图 1.41 所示，单击最左侧的联合图标，选中两个实体，即可把它联合成一个面域。

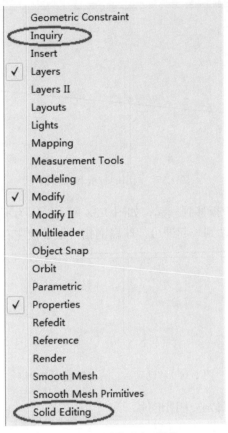

图 1.40　右键调用工具条

(5) 进行面域的特性测量。如图 1.42 所示，在查询工具条中，选用第 2 个，实体/面域特性工具，根据提示选中联合成的面域。此时会弹出一个特性对话框，如图 1.43 所示。会给出面积、周长、边界范围、中心坐标、惯性矩。为了计算方便，需要把 Y 坐标值移到"0"点。因此，需要把中心点中的 Y 坐标复制下来，并进行移动，使 Y 坐标为 0。

图 1.41　实体编辑工具条

图 1.42　查询工具条

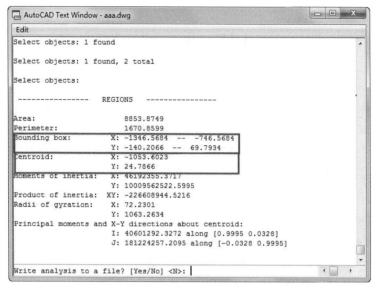

图 1.43 特性对话框

(6) 移动后再次进行测量。把 Y 复制下来后，对面域进行垂向移动。使移动后的中心坐标 Y 为 0。如图 1.44 所示。根据对 X 轴的惯性矩为 40752734.1302cm⁴ 和 Y 轴的边界范围中离 "0" 最大的值为 164.9932cm，可以计算出它的剖面模数为

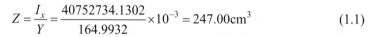

$$Z = \frac{I_x}{Y} = \frac{40752734.1302}{164.9932} \times 10^{-3} = 247.00 \text{cm}^3 \tag{1.1}$$

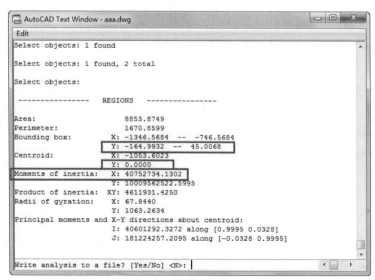

图 1.44 Y 中心坐标移动到 "0" 点后的特性

1.15　圆　　环

在 AutoCAD 中，有一个圆环的制作命令，由于不常用，在工具条中已经找不到该图标了，只在下拉菜单 "Draw\Donut" 中存在。根据提示绘制出圆环后，选中该圆环，单击右键查看其属性，会发现它其实是一个多义线，若炸开该圆环，则会变成上下两个半圆。因此，仍然可以采用多义线的方式绘制圆环，只是绘制出的圆环为左右两个半圆。下面介绍外圆直径 100mm、内圆直径 60mm 圆环的圆环命令和多义线命令的做法。

(1) Command: do DONUT　输入圆环命令。

(2) Specify inside diameter of donut <0.5000>: 60　输入内径。

(3) Specify outside diameter of donut <1.0000>: 100　输入外径。

(4) Specify center of donut or <exit>:　拾取圆心。

(5) Specify center of donut or <exit>: *Cancel*　结束命令。

下面是为利用多义线制作圆环的操作。

(1) Command: pl PLINE　输入多义线命令。

(2) Specify start point:　拾取起点。

(3) Current line-width is 1.0000，Specify next point or Arc/Halfwidth/Length/Undo/Width]: w　输入多义线宽度命令 "w"。

(4) Specify starting width <1.0000>: 20　输入多义线宽度值。

(5) Specify ending width <20.0000>:　直接回车确定终点多义线宽度。

(6) Specify next point or [Arc/Halfwidth/Length/Undo/Width]: a　输入圆弧操作。

(7) Specify endpoint of arc or [Angle/CEnter/Direction/Halfwidth/Line/Radius/Second pt/Undo/Width]: 80　输入多义线直径，取圆环的宽度中心位置的坐标值。

(8) Specify endpoint of arc or [Angle/CEnter/CLose/Direction/Halfwidth/Line/Radius/Second pt/ Undo/Width]: cl　封闭图形，完成圆环的制作。

1.16　基　础　习　题

1. 画出如图 1.45 所示的图形，已知图中 5 个圆的直径相等，并且相邻的两个圆都相切。

提示：可以先找出圆心之间的角度关系。

参考答案如下。

思路：如图 1.46(a)所示的左右两个直角三角形，把圆的半径定义为 R，则左侧直角三角形的两直角边均为 R，所以 $\angle A$ 为 45°；右侧三角形的斜边为 $2R$，一直边为 R，所以 $\angle B$ 为 30°。而两三角形下面的直角边各为 $L/2$，也就是 45mm。

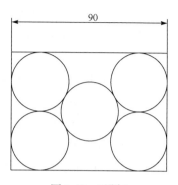

图 1.45　习题 1

步骤：先画一条水平线段，长 45mm。然后画出左侧三角形的斜边和右侧三角形的斜边，两直线的交点即为左上角的圆心，圆心到第一条直线的垂足点的长度即为半径，所以就可以直接作出第一个圆。

第二个圆的圆心就在第一条线段的右端点，利用记忆效应，直接利用空格确认上一个半径即可。

按第一个圆的方法可以作出其余的三个圆。

操作步骤如下。

(1) Command: l LINE　输入直线的命令。

(2) Specify first point: 拾取任意点作为起点。

(3) Specify next point or [Undo]: 45 鼠标向右拉，输入长度，作出第一条水平线段。

(4) Specify next point or [Undo]: 利用鼠标向左上方拉，画出与第一条线夹角为 30°的线段。

注：极轴打开，并且角度设置为 15°，这条线的显示角度应为 150°。

(5) Specify next point or [Close/Undo]: 利用鼠标在 150°线上任意拾取，但长度要足够长，基本上在第一条线段的正上方左右。

(6) Command: LINE 利用空格重复上一个命令，也就是直线的命令。

(7) Specify first point: 拾取第一条线段的左端点为起点。

(8) Specify next point or [Undo]: 在 45°线上拾取任意点作为终点。但要超过第二条线段，使它们有一个交点，以作为第一个圆的圆心。

(9) Specify next point or [Undo]: 利用空格键结束直线的命令。

(10) Command: c CIRCLE　输入圆的命令。

(11) Specify center point for circle or [3P/2P/Ttr (tan tan radius)]: 拾取第二条线与第三条线的交点作为圆心。

(12) Specify radius of circle or [Diameter]: 直接利用垂足点，把鼠标垂直向下

拉到第一条线，显示为垂足点时即可确认半径。

(13) Command: c CIRCLE 输入圆的命令或直接按空格键重复上一个命令，画第二个圆。

(14) Specify center point for circle or [3P/2P/Ttr (tan tan radius)]: 拾取第一条线段的右端点作为圆心。

(15) Specify radius of circle or [Diameter] <16.4711>: 直接利用空格键确认上一个半径的输入值。

(16) Command: l LINE 输入直线的命令。

(17) Specify first point: 拾取第一条线段的右端点作为起点。

(18) Specify next point or [Undo]: 利用极轴角度，把鼠标向左下方移动，显示为210°时即可确认该直线，在第一条直线的正下方附近确认第四条直线。

(19) Specify next point or [Undo]: 利用空格键结束直线的命令。

(20) Command: LINE 利用空格键重复上一个命令。

(21) Specify first point: 拾取第一条直线的左端点作为起点。

(22) Specify next point or [Undo]: 利用极轴的功能，把鼠标向右下方移动，显示为315°时确认直线的位置，鼠标超过第四条直线即可直接单击确认。画出第五条直线。

(23) Specify next point or [Undo]: 利用空格键结束直线的命令。

(24) Command: LINE 利用空格键重复上一个命令，也就是继续画直线。

(25) Specify first point: 拾取第一条直线的右端点作为起点。

(26) Specify next point or [Undo]: 把鼠标向右上方移动，与第四条直线在同一直线上时确认，需要保证长度足够。画出第六条直线。

(27) Specify next point or [Undo]: 利用空格键结束直线命令。

(28) Command: LINE 利用空格键重复上一个命令，也就是直线的命令。

(29) Specify first point: 拾取起点，取第一条直线的右端点作为起点。

(30) Specify next point or [Undo]: 45 把鼠标水平向右移动，输入长度确认第七条直线。

(31) Specify next point or [Undo]: 利用空格键结束直线的命令。

(32) Command: LINE 利用空格键重复上一个命令，也就是直线的命令。

(33) Specify first point: 拾取第七条直线的右端点作为起点。

(34) Specify next point or [Undo]: 把鼠标向左上方移动，出现135°的虚线时确认。画出第八条直线。

(35) Specify next point or [Undo]: 利用空格键结束直线的命令。

(36) Command: LINE 利用空格键重复上一个命令。

(37) Specify first point: 拾取第一条线的右端点作为起点。

(38) Specify next point or [Undo]: 利用极轴捕捉，把鼠标向右下方移动，出现 330°时确认第九条直线。

(39) Specify next point or [Undo]: 利用空格键结束直线的命令。

(40) Command: LINE 利用空格键重复上一个命令，也就是直线的命令。

(41) Specify first point: 拾取第七条直线的右端点作为起点。

(42) Specify next point or [Undo]: 利用极轴捕捉，把鼠标向左下方移动，出现 225°时确认第十条直线。

(43) Specify next point or [Undo]: 利用空格键结束直线的命令。

(44) Command: c CIRCLE 输入圆的命令。

(45) Specify center point for circle or [3P/2P/Ttr (tan tan radius)]: 拾取第四条直线和第五条直线的交点作为圆心。

(46) Specify radius of circle or [Diameter] <16.4711>: 直接利用空格键确认上一次的半径。

(47) Command: CIRCLE 利用空格键重复上一个命令，也就是圆的命令。

(48) Specify center point for circle or [3P/2P/Ttr (tan tan radius)]: 拾取第六条直线和第八条直线的交点作为圆心。

(49) Specify radius of circle or [Diameter] <16.4711>: 利用空格键确认上一个半径值。

(50) Command: CIRCLE 利用空格键重复上一个命令，也就是圆的命令。

(51) Specify center point for circle or [3P/2P/Ttr (tan tan radius)]: 拾取第九条直线和第十条直线的交点作为圆心。

(52) Specify radius of circle or [Diameter] <16.4711>: 利用空格键确认上一个半径值。

(53) Command: xl XLINE 输入无限长线，作外轮廓线。

(54) Specify a point or [Hor/Ver/Ang/Bisect/Offset]: 拾取象限点作为起点。

(55) Specify through point: 拾取象限点作为终点。

(56) Specify through point: 利用空格键结束无限长线的命令。

(57) Command: XLINE 利用空格键重复上一个命令，也就是无限长线的命令。

(58) Specify a point or [Hor/Ver/Ang/Bisect/Offset]: 拾取象限点作为起点。

(59) Specify through point: 拾取象限点作为终点。

(60) Specify through point: 利用空格键结束无限长线的命令。

......

同样的方法可以作另外两条无限长的轮廓线。

Command: rec RECTANG 输入矩形的命令。

Specify first corner point or [Chamfer/Elevation/Fillet/Thickness/Width]: 拾取无限长线的交点作为起点。

Specify other corner point or [Area/Dimensions/Rotation]: 拾取无限长线的另一个交点作为矩形对角线上的点。

最终结果如图 1.46(b)所示。

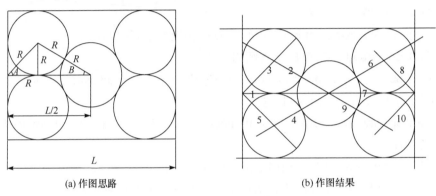

(a) 作图思路　　　　　　　　　　　(b) 作图结果

图 1.46　作图思路和结果

2. 利用基本的直线和圆的命令作图 1.47 所示的图形。

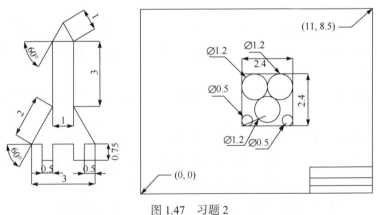

图 1.47　习题 2

3. 利用基本的直线和圆的命令作图 1.48 所示的图形(其中需要剪裁的部分可以暂时保留)。

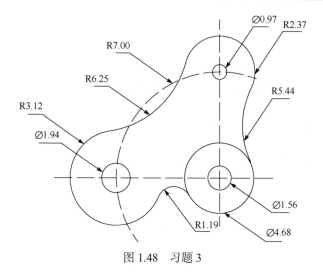

图 1.48　习题 3

4. 用直线的命令画出图 1.49 所示的图形，注意此图上下对称。

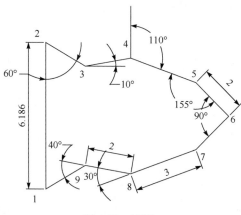

图 1.49　习题 4

第 2 章　基本编辑命令

在 AutoCAD 的实际作图过程中，编辑的时间远远超过实际绘图的时间，所以编辑功能的应用水平决定了一个人的绘图效率。使用编辑命令时需要特别注意看命令行的提示，有些命令操作稍有差别，就会得到完全不一样的结果。

2.1　构造选择集

在 AutoCAD 中，选择集的构造分为点选和框选。其中，框选分为从左向右框选和从右向左框选。区别在于，如果从左向右选，只有全部在框内的物体才能被选中，如图 2.1(a)所示；如果从右向左选，只要有一部分在框内，该物体就能被选中，如图 2.1(b)所示。

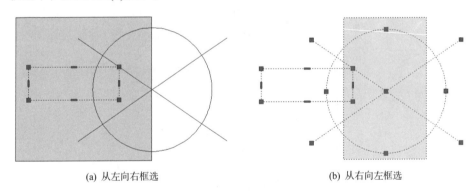

(a) 从左向右框选　　　　　　　　　　　(b) 从右向左框选

图 2.1　从左向右和从右向左框选效果图示

无论是框选图形还是点选图形，都有可能一不小心多选。大多数人习惯直接按 "Esc" 键取消，然后重新选。如果需要选的图形数量比较少，浪费不了多少时间，但如果需要选的图形较多，就有可能浪费大量的时间在选择图形上。实际上，AutoCAD 提供了一种容错的操作方式，如果有多选或错选，只要按住 Shift 键再进行选择即可，此时是一种反选的操作，也就是说选中的图形会从选择集中移除。

在 AutoCAD 中，选择集总是与命令操作相关联的。可以先构造选择集，再执行命令，也可以先执行命令，再构造选择集。

　　在 AutoCAD 中，系统缓存会存储上一次的选择记录。在构造选择集时可以调用上一次的选择集。需要调用上一次的选择集时，只要输入"p"，然后确认，就可以选中上一次的选择集。其中，"p"为单词"previous"的首字母，也就是上一次的选择集。

　　在构造选择集时，如果输入字母"a"，即单词"all"的首字母，即可选中当前文件中的所有图形。如果输入字母"l"，即单词"last"的首字母，即可选中最后一次形成或构造的图形。

2.2　清　　　除

　　清除的命令为"Erase"，可以输入首字母"E"作为命令。

2.3　复　　　制

　　复制为图形内部的复制。从 AutoCAD 2006 及以后默认设置均为复制多个，而 AutoCAD 2000 及以前默认设置为复制单个，这两种复制模式可以相互转换。操作要点是选取合适的基准点。如图 2.2(a)所示，要把圆形 A(以圆心为基准)移动到长方形 B 对角线的中点处。需要先画矩形的一条对角线，作为辅助线。复制的步骤如下。

　　Command: co COPY 2 found　复制命令"co"或"cp"。因为在复制前进行了选择，所以会显示有 2 个图形(包括圆和文本"A")在被复制的选择集中。

　　Current settings: Copy mode = Multiple　显示了当前的设置，复制模式为连续多个复制，即复制一个可以再拾位置继续复制直到点回车或退出结束复制。可以改为单个复制，即复制一个后命令结束。

　　Specify base point or [Displacement/mOde] <Displacement>: 拾取需要复制图形的基准点，这里应选圆心。如果要改为单个复制(改之后就会一直保持这种模式，不受文件限制，这种设置会写入本机本账户的记录中，直到再次改回来)，需要输入"o"(mode 的第二个字母，不是数字 0)回车或空格(在 AutoCAD 中，除了文本输入，空格等同于回车)。

　　Specify second point or <use first point as displacement>: 拾取第二点，即需要复制到新位置的插入点。

　　Specify second point or [Exit/Undo] <Exit>: 拾取第二点，即需要复制到新位置

的插入点，这是复制另一份，可以直接按空格键结束复制，也可以继续进行复制。

复制的结果如图 2.2(b)所示。

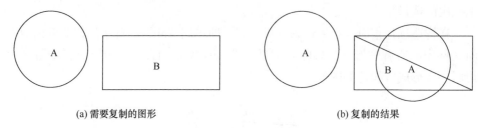

(a) 需要复制的图形　　　　　　　　　　　　　　　　(b) 复制的结果

图 2.2　按基准点复制

除可以按基准点拾取新位置的插入点以外，还可以按指定距离进行复制。例如，可沿 X 正方向复制 1 个，距离 300mm；同时，沿 Y 正方向复制 2 个，一个距离 200mm，另一个距离 400mm。操作步骤如下。

Command: co COPY　执行复制的命令。

Select objects: Specify opposite corner: 1 found　利用框选选中图形。

Select objects: 按空格键结束选择。

Current settings: Copy mode = Single　系统显示当前的复制模式为单个复制。

Specify base point or [Displacement/mOde/Multiple] <Displacement>: o　输入字母 "o" 来修改复制模式。

Enter a copy mode option [Single/Multiple] <Single>: m　输入字母 "m" 把复制模式修改为多个复制。

Specify base point or [Displacement/mOde] <Displacement>: 拾取被复制图形的基准点，按距离移动时可以拾取任意点。

Specify second point or <use first point as displacement>: 300　向右移动距离 300mm。注意输入 300 以前要把鼠标拖到右侧，如图 2.3(a)所示，右侧出现一条水平射线时说明是水平复制。此时的极轴输入应该是打开状态，建议极轴保持常开。

Specify second point or [Exit/Undo] <Exit>: 200　按提示复制第 2 个，如图 2.3(b)所示，把鼠标移至上方，上方出现一条垂直的射线，然后再输入距离 200。

Specify second point or [Exit/Undo] <Exit>: 400，如图 2.3(c)所示，保持鼠标不动，继续输入第二个 Y 正方向上的距离 400。

Specify second point or [Exit/Undo] <Exit>: 按空格键结束复制。

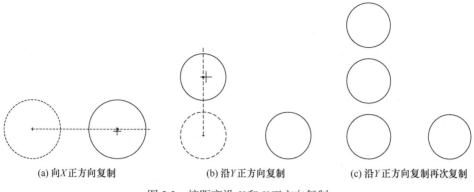

(a) 向 X 正方向复制　　　　(b) 沿 Y 正方向复制　　　　(c) 沿 Y 正方向复制再次复制

图 2.3　按距离沿 X 和 Y 正方向复制

2.4　移　　动

移动的操作与复制相似，不同的是只保留新位置的图形。也分为按距离移动和按两点移动。移动的命令为"m"，即单词"Move"的首字母。

2.5　镜　　像

镜像是把一个图形沿一条对称轴对称，分为保留原图形和删除原图形两种形式。镜像的命令为"mi"，为镜像的英文单词"Mirror"的前 2 个字母。

在 AutoCAD 中，镜像的对称轴不一定是实际存在的一条直线，只要是对称轴所在位置的 2 个点即可。但通常情况下，没有对称轴所在位置的直线难以确定这两个点。

下面就以图 2.4(a)所示的球扁钢及贯穿孔、补板为例介绍镜像的用法，其中对称轴为球扁钢没有球头的一侧。

Command: mi MIRROR　输入镜像的命令"mi"。

Select objects: Specify opposite corner: 11 found　选择需要镜像的图形，采用框选的形式，选择全部的图形。

Select objects: Specify opposite corner: 1 found, 1 removed, 10 total　按住"Shift"键，再用点选的形式把多余的图形从选择集中去除。

Select objects: 按空格键确定选择集，即镜像的图形。

Specify first point of mirror line: 拾取对称轴上的第一个点，这里可以取球扁钢左侧的一个点。

Specify second point of mirror line: 拾取对称轴上的第二个点，因为对称轴为

垂线，所以第二点可以在垂直方向上任意拾取一个点。

Erase source objects? [Yes/No] <N>: y 是否删除原来的图形，通常情况为删除，而默认设置为不删除，所以此时应输入"y"来进行删除。

完成后的图形如图 2.4(b)所示。

需要注意的是，最后一步确认是否删除原图形十分重要，需要删除时一定要记得输入"y"，否则还要再删除原来的图形，增加了工作量。

如果不小心直接按了空格键，没有删除原来的图形，也不要着急退回去重新操作。此时应输入删除的命令"e"，然后构造选择集，此时输入字母"p"，然后按空格确认，即可确认上次的选择集，也就是需要镜像的图形，再次按空格键即可删除需要删除的图形。其中字母"p"为单词"Previous"的首字母，即上一次的选择集。

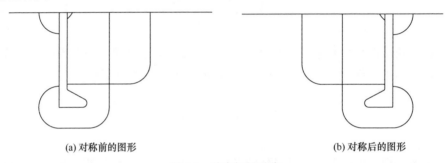

(a) 对称前的图形　　　　　　　　　　　　　　(b) 对称后的图形

图 2.4　球扁钢的对称

如果需要镜像的图形中包含文字，在 AutoCAD 2000 及以前的版本中默认文字也进行镜像，如图 2.5 所示。在 AutoCAD 2006 及以后的版本中，对于文字，默认的设置为只镜像文字的对齐方式，而文字本身不进行镜像，如图 2.6 所示，选中文字后可以看出，文本没有变，只是对齐方式由左对齐变成了右对齐。

镜像文字本身　　　　　　　　身本字文像镜

图 2.5　镜像的文字

镜像文字本身　　　　　　　　镜像文字本身

图 2.6　只镜像文字的对齐方式

文本的镜像模式为 AutoCAD 的一个参数设置，可以相互转化。在命令行输入命令"Mirrtext"，即"Mirror Text"的简称，即可修改这种模式，如果参数为0，则文本不镜像，效果如图 2.6 所示；如果参数为 1，则文本也一起镜像，也就是图 2.5 所示的效果。

2.6　偏　移

偏移是形成一组相互平行的线，包括内部和外部、上下、左右等任何方向的平行线。命令为"o"，即偏移"Offset"的首字母。操作步骤如下。

Command: o OFFSET　输入命令"o"执行偏移命令。

Current settings: Erase source=No Layer=Source OFFSETGAPTYPE=0　当前的设置为：模式为不删除原图形；层为原图形的层；偏移拐角处理模式(根据实际操作方式翻译)不处理。

Specify offset distance or [Through/Erase/Layer] <10.0000>:　输入偏移距离，直接空格确认当前的间距 10mm。

Select object to offset or [Exit/Undo] <Exit>:　选择需要偏移的图形。

Specify point on side to offset or [Exit/Multiple/Undo] <Exit>:　拾取图形一侧的任意点。

Select object to offset or [Exit/Undo] <Exit>:　选择需要偏移的图形。

Specify point on side to offset or [Exit/Multiple/Undo] <Exit>:　拾取图形一侧的任意点。

Select object to offset or [Exit/Undo] <Exit>:　拾取图形一侧的任意点。

Specify point on side to offset or [Exit/Multiple/Undo] <Exit>:　拾取图形一侧的任意点。

Select object to offset or [Exit/Undo] <Exit>:　拾取图形一侧的任意点或直接按空格键结束命令。

图 2.7 所示为朝向不同方向偏移的效果。

如果把参数"OFFSETGAPTYPE"改为 1，则把有拐角的图形向增大的方向偏移时，会产生一个半径等同于偏移距离的圆角。几种不同的图形偏移结果如图 2.8 所示。

Command: offsetgaptype　输入偏移模式修改命令。

Enter new value for OFFSETGAPTYPE <0>: 1　输入模式参数 1。

Command: o OFFSET　输入偏移命令。

Current settings: Erase source=No Layer= Source OFFSETGAPTYPE=1　当前的设置为：模式为不删除原图形；层为原图形的层；

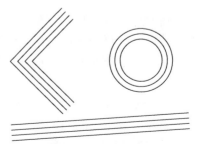

图 2.7　偏移结果

偏移拐角处理模式(根据实际操作方式意译)为圆角处理。

Specify offset distance or [Through/Erase/Layer] <30.0000>: 输入需要偏移的距离，直接点击空格键确认当前数值 "30"。

Select object to offset or [Exit/Undo] <Exit>: 选择需要偏移的图形，选图 2.8 所示的左侧原始图形。

Specify point on side to offset or [Exit/Multiple/Undo] <Exit>: 拾取偏移方向的一个点，本例中拾取矩形外侧的任意一个点。此时得到第一次偏移图形，四角带 R30 的圆角。

Select object to offset or [Exit/Undo] <Exit>: 拾取需要偏移的图形，本例中拾取第一次偏移图形作为需要偏移的图形。

Specify point on side to offset or [Exit/Multiple/Undo] <Exit>: 拾取偏移方向的一个点，本例中拾取矩形外侧的任意一个点。此时得到第二次偏移图形，四角带 R60 的圆角。

Select object to offset or [Exit/Undo] <Exit>: 拾取需要偏移的图形或按空格键结束偏移。

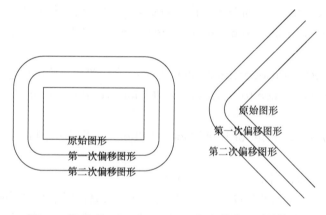

原始图形
第一次偏移图形
第二次偏移图形

原始图形
第一次偏移图形
第二次偏移图形

图 2.8　修改 "OFFSETGAPTYPE" 参数为 1 后的效果

除通过输入数值确定偏移距离以外，AutoCAD 还提供了偏移后通过一个点，然后系统自动计算出从原始图形到该点的距离的方式来确认偏移距离。如图 2.9 所示，需要把下面的框形偏移，并且使它经过上面圆的圆心。操作步骤如下。

Command: o OFFSET　输入偏移命令。

Current settings: Erase source=No Layer=Source OFFSETGAPTYPE=1　当前的设置为，模式为不删除原图形；层为原图形的层；偏移拐角处理模式(根据实际操作方式意译)为圆角处理。

Specify offset distance or [Through/Erase/Layer] <Through>: t 输入偏移距离或选择其他方式，这里输入"t"，采用通过点的形式确定偏移距离。

Select object to offset or [Exit/Undo] <Exit>: 选择需要偏移的图形，选下面的框形。

Specify through point or [Exit/Multiple/Undo] <Exit>: 拾取通过的点，这里拾取圆心点。

Select object to offset or [Exit/Undo] <Exit>: 选择要偏移的图形，按上一步或退出，这里直接按空格键确认退出。

通过拾取点偏移后的效果如图 2.10 所示。

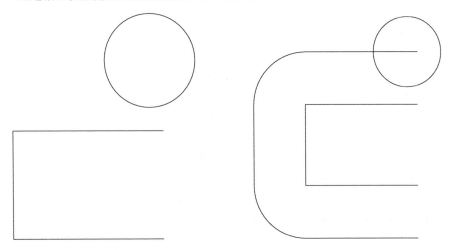

图 2.9　通过拾取点来确认偏移距离　　　　图 2.10　通过拾取点偏移后的效果

如果把偏移模式中的不删除原图形改为删除原图形，则对于直线，等同于移动，对于曲线，与缩放类似。下面来看一下参数改为删除原图形后的效果，如图 2.11 所示为偏移前和偏移后的效果。下面是操作步骤。

Command: offsetgaptype 输入"offsetgaptype"，把参数改回默认值。

Enter new value for OFFSETGAPTYPE <1>: 0 输入参数"0"，改为常用的形式。

Command: o OFFSET 输入偏移的命令。

Current settings: Erase source=No Layer=Source OFFSETGAPTYPE=0 当前的设置为：模式为不删除原图形；层为原图形的层；偏移拐角处理模式(根据实际操作方式意译)为不处理。

Specify offset distance or [Through/Erase/Layer] <30.0000>: e 拾取需要偏移的图形或者选取通过点、删除、层。这里输入"e"，选择是否删除原图形。

Erase source object after offsetting? [Yes/No] <No>: y 是否删除原图形，输入 "y" 确认删除原图形。

Specify offset distance or [Through/Erase/Layer] <30.0000>: 20 输入偏移距离 20。

Select object to offset or [Exit/Undo] <Exit>: 拾取需要偏移的图形，拾取 图 2.11 所示的 145mm × 84mm 的矩形。

Specify point on side to offset or [Exit/Multiple/Undo] <Exit>: 单击需要偏移一 侧的任意一点，这里单击外侧的一个点。

Select object to offset or [Exit/Undo] <Exit>: 选择需要偏移的图形，这里按空 格直接确认。

Command: dli DIMLINEAR 输入线性标注的命令对偏移后的图形进行尺寸 标注。

Specify first extension line origin or <select object>: 选择标注线的起点。

Specify second extension line origin: 选择标注线的第二个点。

Specify dimension line location or [Mtext/Text/Angle/Horizontal/Vertical/Rotated]: 确定尺寸的位置。

Dimension text = 185 尺寸值为 185，也就是长边的尺寸。

Command: DIMLINEAR 直接按空格，重复上一个命令。

Specify first extension line origin or <select object>: 选择标注线的起点。

Specify second extension line origin: 选择标注线的第二个点。

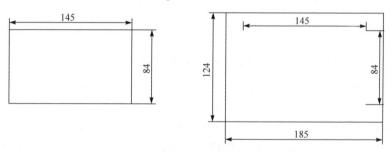

图 2.11　偏移前和偏移后的效果

Specify dimension line location or [Mtext/Text/Angle/Horizontal/Vertical/Rotated]: 确定尺寸的位置。

Dimension text=124 尺寸值为 124，也就是短边的长度。

2.7　拉　　伸

拉伸包括把原图形拉长和拉短。拉伸时根据选中图形的方式不同，拉伸的效果也不一样。下面对不同的拉伸形式进行介绍。

图 2.12 中的矩形，如果想把长边向右拉长 50mm，则需要从右向左框选，并且一定不能超过左侧的边。选择方式如图 2.13 所示。

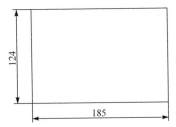
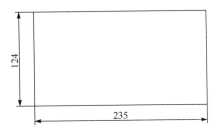

图 2.12　需要拉伸的图形及拉伸后的效果

Command: s STRETCH　输入拉伸的命令"s"，为拉伸英文单词"stretch"的首字母。

Select objects to stretch by crossing-window or crossing-polygon...

Select objects: Specify opposite corner: 2 found　选择要拉伸的物体，如图 2.13 所示，从右向左选，一定要包括上下两条边的部分和右侧整条边。

Select objects:　用空格键确认选择物体。

Specify base point or [Displacement] <Displacement>：拾取基准点，因为已经确定移动的尺寸，基准点可以任意点取。

Specify second point or <use first point as displacement>：50，按提示输入另一个点，此时应把鼠标水平向右拉，如图 2.14 所示，输入数据 50 后按空格键确认。

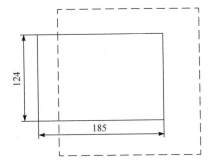

图 2.13　向右侧拉伸的选择方式

拉伸的距离也可以采用两点的形式，即从基准点到目标点。如图 2.15 所示，需要把左侧的图形向右拉伸，其中"A"点拉伸到直线"BC"上。操作步骤如下。

Command: s STRETCH　输入拉伸命令。

Select objects to stretch by crossing-window or crossing-polygon...

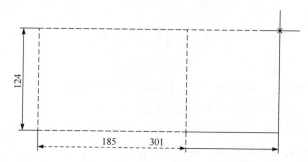

图 2.14　向右侧拉伸 50 的操作要点

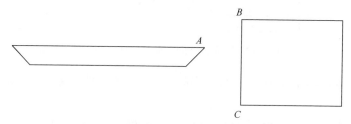

图 2.15　按点拉伸图形

Select objects: Specify opposite corner: 2 found　选择物体，选择方式如图 2.13 所示。

Select objects: 按空格键确认选择集。

Specify base point or [Displacement] <Displacement>: 拾取基准点，该基准点取点 *A*。

Specify second point or <use first point as displacement>: 拾取目标点，如图 2.16 所示，鼠标拉到直线 "*BC*" 上。此时出现垂足点的图标和垂直的名称 "Perpendicular"，然后单击该垂足点。

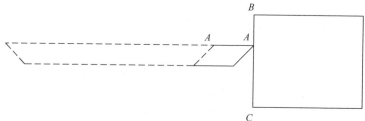

图 2.16　按点拉伸的操作要点

拉伸时若是选择一个角，如图 2.12
所示的图形则会拉伸成一个梯形。结果
如图 2.17 所示。

如果整个图形被框选进去，则拉伸
相当于移动。

如果块、文字等框选进去一部分，
或者直线、多义线、圆等只框选进去中
间部分，则拉伸不起作用。

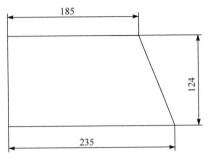

图 2.17　拉伸时只选中一角的拉伸效果

2.8　阵　　列

阵列对于 AutoCAD 2000 及以下的版本和 AutoCAD 2013 及以上的版本，操
作均不太方便，基本上退回到了"DOS"操作的层面，所以最好不要使用这些
版本。本节以 AutoCAD 2006～AutoCAD 2012 的版本为例来介绍阵列的使用。

阵列的命令为"ar"，也就是阵列的英文单词"array"的前 2 个字母。弹出
的对话框如图 2.18 所示，上端从左向右依次是矩形阵列、圆形阵列和选择图
形。默认为矩形阵列，可以用鼠标来点选为圆形阵列。

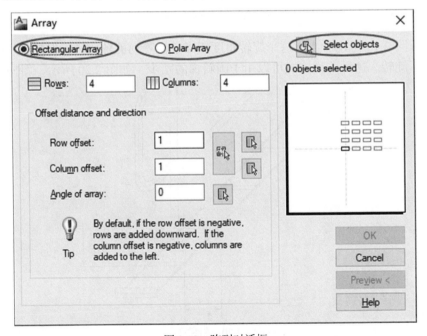

图 2.18　阵列对话框

如果为矩形阵列，就需要确定行、列的数量及间距，填写在图 2.18 所示对话框的相应位置。阵列时还提供一个旋转角度。默认为不旋转。下面阵列一个矩形，5 行 6 列，行间距 200mm，列间距 300mm，旋转 30°，效果如图 2.19 所示。

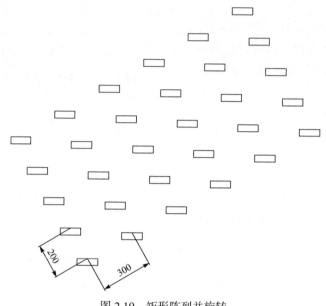

图 2.19　矩形阵列并旋转

从图 2.19 可以看出，这个旋转角度相当于把阵列的轴旋转，但被阵列的图形并不旋转。这种阵列方式可以用于画斜梯的踏步，如图 2.20 所示，斜梯的踏

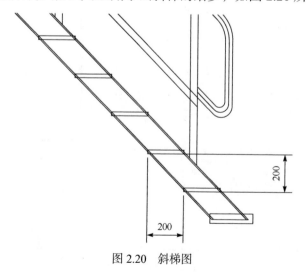

图 2.20　斜梯图

步间距为 X 方向–200mm，Y 方向 200mm。如果设置成 1 行、12 列，间距为 $-200\sqrt{2}$mm，角度为顺时针 45°，应设置为–45°。但间距 $-200\sqrt{2}$mm 无法在图 2.18 所示的对话框中输入，所以这个距离就需要进行拾取，而拾取的距离是正还是负取决于拾取的顺序，如果起点的坐标值小，则为正，反之为负。所以起点应选右侧的点，终点选左侧的点。输入的数据如图 2.21 所示。操作的步骤如下。

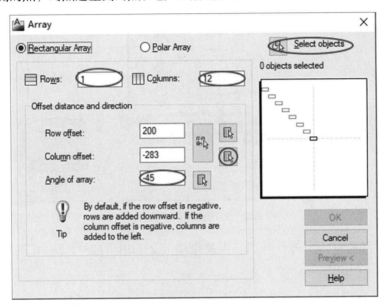

图 2.21 阵列对话框输入数据

Command: ar ARRAY 输入阵列的命令。

弹出如图 2.21 所示的对话框，按上面的内容填写数据，其中列间距不能直接输入，而是单击右侧的拾取列间距，之后对话框消失，回到图例中。

Specify the distance between columns: 按提示拾取距离，第一个点拾取右下方踏步的一个角点。

Second point: 按提示拾取第二个点，取与第一点对应左上方相邻踏步的对应点。

Select objects: Specify opposite corner: 1 found 按提示拾取需要阵列的踏步。

Select objects: Pick or press Esc to return to dialog or <Right-click to accept array>: 按空格确认选择，此时会回到图 2.21 所示的对话框，只是会显示被阵列图形的数量，然后可以单击 "Preview" 进行预览或者直接单击 "OK" 确认。

同样是这个斜梯，如果采用 12 行 1 列的形式阵列，则行间距为 200mm，旋转角度为逆时针 45°，旋转角度里应输入 45。由于行间距为垂直方向的距离，在拾取距离时起点应在下方，终点在上方，所以拾取距离时同样第一个点为右下方的点，第二个点为左上方的点。填写的对话框如图 2.22 所示。

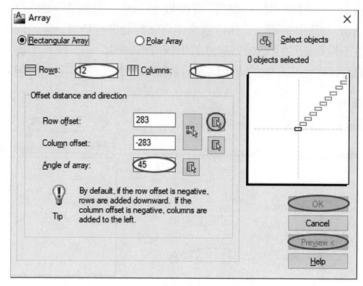

图 2.22　采用 12 行 1 列进行阵列

下面再来看一下圆形阵列，需要把图 2.23(a)中的正六边形在圆上阵列 8 份。如图 2.23(b)所示。

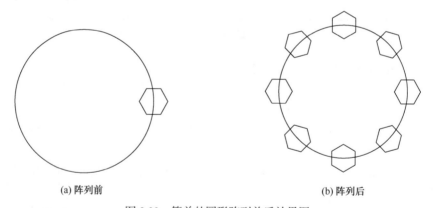

(a) 阵列前　　　　　　　　　　　　　　　(b) 阵列后

图 2.23　简单的圆形阵列前后效果图

阵列的对话框输入要求如图 2.24 所示。

从图 2.23 所示阵列后的效果来看，所阵列的正六边形是随着圆形阵列旋转的。如果想不旋转怎么办呢？细心的读者会在图 2.24 所示的圆形阵列对话框的左下角发现一个选项"Rotate items as copied"，也就是随着阵列进行旋转。如果把它前面的勾去掉是不是就可以了呢？这里来试验一下。

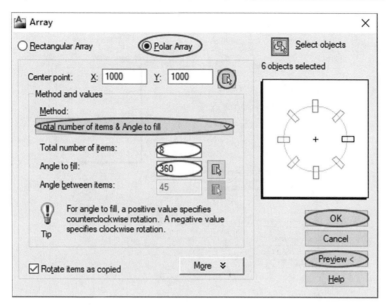

图 2.24　简单圆形阵列的输入

　　图 2.25 是被阵列图形不旋转的情况。可以看出，阵列后的图形并不是想要的结果。这是因为图形毕竟不是一个点，图形区域内的不同点到选取的圆心的距离并不相同，所以系统并不知道操作者到底想以这个正六边形的哪个点为被阵列图形的基准点，系统会根据程序设定的一个点作为基准点进行阵列。如果要达到想要的结果，就必须告诉程序想要以哪个点为基准点进行阵列。因此，在 AutoCAD 中设置了这个选项，把图 2.24 所示的下方中部的 "More" 点开，就会看到图 2.26 所示的选项。可以看出，"Object base point" 的选项 "Set to object's default"，这里需要把这个选项前面的勾去掉，利用右侧的拾取选项来拾取需要的基准点。单击后会回到绘图区域，就可以去拾取需要的基准点了。阵列后的结果如图 2.27 所示。

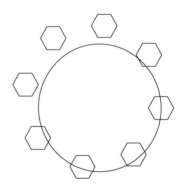

图 2.25　阵列时图形不旋转

　　圆形的阵列形式除已知填充数量和填充角度以外，还有填充数量和相邻图形之间夹角、填充角度和相邻图形之间的夹角两种形式。如图 2.28 所示，已知左侧的图形，其中需要阵列的小圆的圆心经过最大的圆，并且与内部的圆相切。想要阵列成右侧图形所示的结果，要求相邻的小圆之间都相切，并且与内部的圆相切。

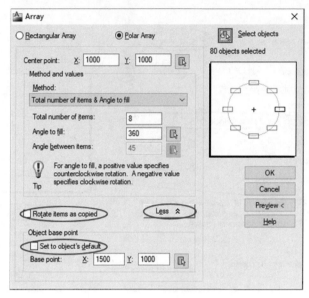

图 2.26　圆形阵列不旋转设置要点

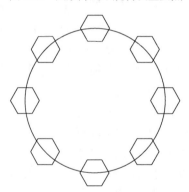

图 2.27　圆形阵列不旋转结果

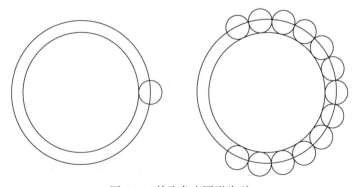

图 2.28　拾取角度圆形阵列

根据图 2.28 左侧的图形，无法确定相邻两圆之间的夹角，所以需要先画一个相邻的圆形。可以利用圆形的切点、切点和半径作圆。其中两个切点分别为内部小圆和需要阵列的最小的圆形，半径可以去拾取最小的圆上的两个点。操作步骤如下。

Command: c CIRCLE　输入圆的命令。

Specify center point for circle or [3P/2P/Ttr (tan tan radius)]: t　选用切点、切点、半径模式作圆。

Specify point on object for first tangent of circle: 拾取第一个圆作为切点。

Specify point on object for second tangent of circle: 拾取第二个圆作为切点。

Specify radius of circle <8.5000>: 按提示输入半径，但因为暂时不知道半径的尺寸，所以拾取需要阵列的小圆的圆心作为半径的起点。

Specify second point: 拾取需要阵列的小圆上的一个点作为半径的终点。

输出的结果如图 2.29 所示。

下面以填充数量和相邻图形之间的夹角来阵列图 2.28 所示图形的上半部分。从图上可以看出填充数量为 6，夹角为图 2.29 中最小的两个圆之间的夹角。操作步骤如下。

Command: ar ARRAY　输入阵列的命令。

在弹出的图 2.30 所示的对话框中，单击右上角的拾取符号进行需要阵列的图形的选择；单击"Center point"后面的拾取来拾取阵列的中心

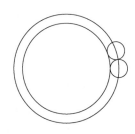

图 2.29　先画出的一个辅助圆

点；点"Angle between items"后面的拾取按钮来拾取夹角。以上三个拾取都会回到图形中，操作分别如下。

Select objects: Specify opposite corner: 1 found　选择需要阵列的图形，选中刚画的小圆。

Select objects: 按空格键确认选择集。

Specify center point of array: 拾取阵列的中心点，也就是图 2.29 所示的同心圆的圆心。

Specify the angle between items: 拾取阵列相邻图形间的夹角，这里只需要点取新作小圆的圆心即可，因为系统默认从 0°开始计算角度，两点确定的夹角为从阵列的圆心到拾取的新作小圆的圆心。

完成后单击"OK"，阵列的结果如图 2.31 所示。下半部分可以通过镜像得到。

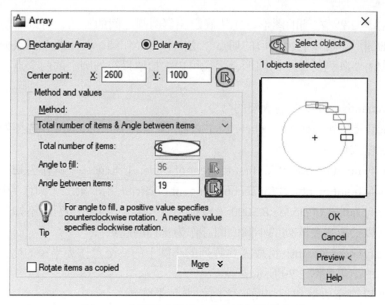

图 2.30　利用填充数量和夹角进行圆形阵列

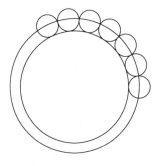

图 2.31　阵列的结果

下面按填充角度和相邻图形之间的夹角来进行阵列，初始状态仍然如图 2.29 所示。

具体的操作步骤如下。

Command: ar ARRAY 输入阵列的命令。弹出的对话框如图 2.32 所示，其中的填充角度可以输入一个小于 180 的数值，单击右侧的"Preview"后，可以在"Total number of item"里填写填充数量，也可以修改填充角度的值使填充数量等于某个值。

Select objects: 1 found 选择需要阵列的图形，选中小圆。

Select objects: 按空格键确认选择。

Specify the angle between items: 输入夹角，这里直接单击新画的圆的圆心。

Specify center point of array: 选取阵列的中心。

Specify the angle between items: Pick or press Esc to return to dialog or <Right-click to accept array>: 拾取角度，取新画的圆的圆心。

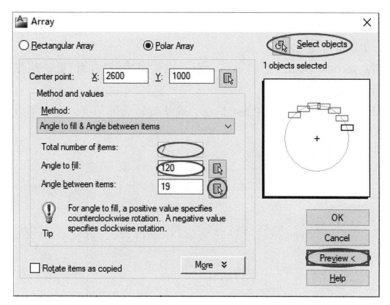

图 2.32　按填充角度和相邻图形之间夹角进行圆形阵列

2.9　旋　　转

　　旋转的命令为"ro"，也就是旋转的英语单词"Rotate"的前两个字母。常用的是输入旋转的角度，逆时针为正，顺时针为负。

　　有时不知道需要旋转的角度，只知道相对角度。如把一个多边形的一条边旋转成水平线。如图 2.33 所示，以 A、B 两条边的交点为中心，把 A 边旋转到水平方向。

　　操作步骤如下。

Command: ro ROTATE　输入旋转命令。

Current positive angle in UCS: ANGDIR=counterclockwise ANGBASE=0　当前的设置，世界坐标系(world coordinate system, WCS)中逆时针为正，基准点 0°。

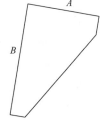

图 2.33　旋转

Select objects: Specify opposite corner: 1 found 拾取图形，采用框选，选中一个图形。

Select objects: 采用空格键确认选择。

Specify base point: 拾取基准点，取 A 边和 B 边的交点。

Specify rotation angle or [Copy/Reference] <351>: r 输入旋转角度或者输入选项【复制或参照】，这里输入"r"，目的是选参照。

Specify the reference angle <15>: 拾取参考原始角度，拾取 *A* 边和 *B* 边的相交点和 *A* 边上的任意一点。

Specify second point: 拾取第二个点，也就是旋转后的位置，此时把鼠标移到水平位置，如图 2.34 所示。

Specify the new angle or [Points] <0>: 确认旋转后的角度，在水平方向上任意位置单击。

旋转后的结果如图 2.35 所示。

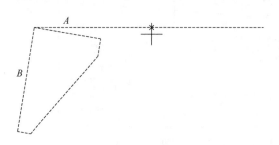
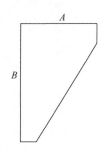

图 2.34　旋转过程　　　　　　　图 2.35　旋转后的结果

注意：这种按参照旋转的形式初学时不易掌握，应仔细看命令行里的提示，并多加练习。

从上面的操作过程可以看出，旋转后还可以保留原始的位置，也就是旋转复制。如图 2.35 所示的图形，可以把 *B* 边旋转成水平，并保留 *A* 边水平的图形，操作如下。

Command: ro ROTATE　输入旋转命令。

Current positive angle in UCS: ANGDIR=counterclockwise ANGBASE=0 当前的设置，世界坐标系(WCS)中逆时针为正，基准点 0°。

拾取图形。

Select objects: 采用空格键确认选择集。

Specify base point: 拾取基准点，为 *A* 边和 *B* 边的交点。

Specify rotation angle or [Copy/Reference] <185>: c 输入旋转角度或选项，此时输入字母“c”确认复制模式。

Rotating a copy of the selected objects: 旋转复制的图形。

Specify rotation angle or [Copy/Reference] <185>: r 输入旋转角度，输入“r”，以参照的形式确认旋转角度。

Specify the reference angle <351>: 拾取 *B* 边上的点确认基准角度。

Specify second point: 拾取第二点作为目标角度，这里拾取水平线上的一个点，操作与图 2.34 类似，只是此处选基准点的左侧。

Specify the new angle or [Points] <0>: 直接在水平方向单击确认旋转后的目标角度。

旋转后结果如图 2.36 所示。

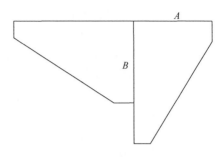

图 2.36　旋转后保留原图形

2.10　缩　　放

缩放是按比例把图形缩小或放大，缩放比例大于 1 为放大，小于 1 为缩小。另外，放大或缩小还需要一个基准点，这个点的位置不动，其余的相对于这个点成比例缩放。

缩放的命令为 "sc"，也就是比例的英语单词 "Scale" 的前两个字母。

缩放除了按倍数缩放以外，还有一个参照。例如，要把一个图形的一条边长由 1000mm 缩放到 300mm，把从 Excel 中导进来的表格缩放到与 AutoCAD 中的表格同等大小等。下面就以此两种情况按参照缩放进行介绍。

Command: sc SCALE 输入缩放的命令。

Select objects: Specify opposite corner: 2 found 选择需要缩放的图形，如图 2.37 所示的左图。

Select objects: 利用空格键结束选择。

Specify base point: 选择缩放的基准点。

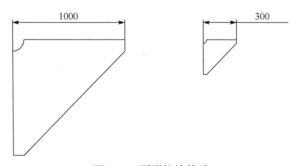

图 2.37　图形缩放前后

Specify scale factor or [Copy/Reference]: Extremely small scale factor ignored.r 输入缩放比例。此时不确定比例的值，输入 "r" 来选择参照。

Specify reference length <1.0000>: 1000 输入参照原长 "1000"。

Specify new length or [Points] <1.0000>: Extremely small scale factor ignored.300 输入新的长度值 "300"。

缩放前后的图形如图 2.37 所示。

把从 Excel 中导进来的表格缩放到与 AutoCAD 中的表格同等大小，如图 2.38 所示，左侧为放在 AutoCAD 中的空白表格，右侧为从 Excel 表导出的数据。为了把右侧的数据复制到左侧，需要使右侧的表格行间距与左侧的行间距相等，而左右两侧的行间距具体数据都不知道，下面介绍如何操作。

首先，把两个表格的一侧相连，然后进行缩放。

Command: sc SCALE 输入缩放的命令。

Select objects: Specify opposite corner: 1 found 选择需要缩放的图形，选中图 2.38 所示的表格。

零件名	数量	规格	等级	长度(mm)	长度(mm)	单重(kg)	重量(kg)	备注
LEG/SQ30/01	2	30	DH36	8800	600	1243	2486	
LEG/SQ20/05	4	20	AH36	1670	600	157	628	
LEG/SQ20/04	4	20	AH36	1670	360	94	376	
LEG/SQ20/03	2	20	AH36	8800	240	332	664	
LEG/SQ20/02	4	20	AH36	1650	400	104	416	
LEG/SQ20/01	4	20	AH36	1650	260	67	268	
LEG/HW20/01	1	20	AH36	8700	240	328	328	
LEG/HF30/01	2	30	DH36	8700	300	615	1230	
LEG/B20/17	2	20	AH36	188	300	9	18	
LEG/B20/16	2	20	AH36	270	300	13	26	
LEG/B20/15	2	20	AH36	93438		15	30	
LEG/B20/14	2	20	AH36	400	300	19	38	
LEG/B20/13	2	20	AH36	170560		27	54	

图 2.38　表格高度缩放

Select objects: 利用空格键确认选择集。

Specify base point: 拾取基准点，选中右侧表左下角的点。

Specify scale factor or [Copy/Reference]: r 输入参照的命令 "r"，进行参照与比例系数的切换。

Specify reference length <9>: 拾取参照基准点，取上面的基准点，也就是右侧表中左下角的点。

Specify second point: 拾取参照的第二个点，这里取右侧表格中最下面一行的最左侧点，也就是基准点与第二个点之间形成右侧表格的行间距，这个距离作为参照长度。

Specify new length or [Points] <299>: 拾取新的长度，该长度的起点与参照基准点相同，所以终点为左侧表格的行间距。也就是需要拾取左侧表格最下面一行右侧上端的点。这个点与基准点之间形成了缩放后的行间距。

缩放后的图形如图 2.39 所示。此时两表格行间距相同，每一行都是左右对齐的。

单重 （kg）	重量 （kg）	重量 （kg）	备注	零件名	数量	规格	等级	长度 （mm）	长度 （mm）	单重 （kg）	重量 （kg）	备注
				LEG/SQ30/01	2	30	DH36	8800	600	1243	2486	
				LEG/SQ20/05	4	20	AH36	1670	600	157	628	
				LEG/SQ20/04	4	20	AH36	1670	360	94	376	
				LEG/SQ20/03	2	20	AH36	8800	240	332	664	
				LEG/SQ20/02	4	20	AH36	1650	400	104	416	
				LEG/SQ20/01	4	20	AH36	1650	260	67	268	
				LEG/HW20/01	1	20	AH36	8700	240	328	328	
				LEG/HF30/01	2	30	DH36	8700	300	615	1230	
				LEG/B20/17	2	20	AH36	188	300	9	18	
				LEG/B20/16	2	20	AH36	270	300	13	26	
				LEG/B20/15	2	20	AH36	93438		15	30	
				LEG/B20/14	2	20	AH36	400	300	19	38	
				LEG/B20/13	2	20	AH36	170560		27	54	

图 2.39 参照表格缩放

2.11 修　剪

修剪与延伸是在绘图中最常用到的编辑命令，两者都需要一个剪切或延伸到的边界。

边界模式分为两种：一种是延长线不作为边界，在 AutoCAD 中，默认的模式就是这种；另一种为延长线作为边界。模式命令为"Edgemode"，参数为 0 时延长线不作为边界；参数为 1 时为延长线作为边界。

修剪的命令为"tr"，是修剪的英语单词"Trim"的前两个字母。图 2.40 所示的图形，要求把线"2"、"3"、"4"和"5"位于线"1"上面的部分全部剪掉。操作步骤如下。

Command: tr TRIM 输入修剪的命令。

Current settings: Projection=UCS, Edge=Extend 当前的设置为用户坐标系，边界模式为延长线作为边界。

Select cutting edges ...

Select objects or <select all>: 拾取边界，直接拾取线 "1"。

Specify opposite corner: 1 found

Select objects: 按空格键确认选择。

Select object to trim or shift-select to extend or [Fence/Crossing/Project/Edge/ eRase/Undo]: Specify opposite corner:

Select object to trim or shift-select to extend or [Fence/Crossing/Project/Edge/ eRase/Undo]: 拾取需要修剪的图形，从右向左框选线 "2"、"3"、"4" 和 "5" 上面的部分，目的是选中这 4 条线段。

确认后修剪结果如图 2.41 所示。

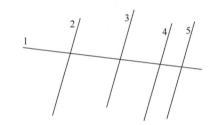

图 2.40　修剪图形

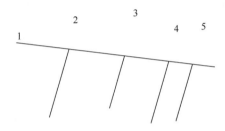

图 2.41　修剪结果

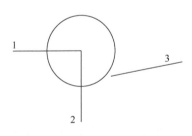

图 2.42　不同模式下的修剪测试

下面再来看一下不同边界模式下的修剪效果。如图 2.42 所示，当边界模式参数 "Edgemode" 为 "1" 时，以图中的直线 1 和直线 2 为边界，修剪图中的圆；以线 3 为边界，修剪直线 2 和圆。其中，利用直线 1 和直线 2 修剪圆的效果如图 2.43(a)所示，拾取了圆的一部分；以线 3 为边界，修剪直线 2 和圆的结果如图 2.43(b)所示。

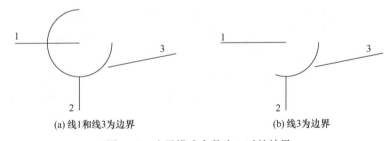

(a) 线1和线3为边界　　　　　　　(b) 线3为边界

图 2.43　边界模式参数为 1 时的效果

如果边界模式参数 "Edgemode" 为 "0"，重复上面的修剪，效果如图 2.44 所示。以图中的直线 1 和直线 2 为边界，修剪图中圆时的效果如图 2.44 所示，

当以线 3 为边界，修剪直线 2 和圆时，不起
作用，修剪后仍然为图 2.44 所示的图形。因
为边界 3 与直线 2 和圆没有相交，所以修剪
无效。

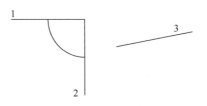

图 2.44　边界模式参数为 0 时的效果

　　修剪的图形从 AutoCAD 2006 以后均可
以框选的方式选择，而在 AutoCAD 2000 及
以前，只能以点选的形式选择，数量少时可
以一个个点取，如果数量多时怎么办？在 AutoCAD 中还提供了一种快速修剪的
方法。如图 2.45 所示，需要把直线 1 右上方的所有直线以直线 1 为边界进行修
剪，即使是在 AutoCAD 2006 及以后的版本框选也不方便，所以需要采用另一种
方式，具体操作如下。

　　Command: tr TRIM 输入修剪命令。

　　Current settings: Projection=UCS, Edge=Extend 当前的设置，用户坐标系，边
界模式为以延长线为边界。

　　Select cutting edges …

　　Select objects or <select all>: 1 found 拾取边界，拾取直线 1。

　　Select objects: 按空格键确认选择。

　　Select object to trim or shift-select to extend or [Fence/Crossing/Project/Edge/
eRase/Undo]: f 输入 "f"，即利用直线通过的图形作为被剪裁图形的模式。

　　Specify first fence point: 如图 2.46 所示，拾取起点，这里画的直线要通过图
中所有需要修剪的直线，并且该直线要在直线 1 的右上方。

　　Specify next fence point or [Undo]: 输入直线的第二个点。

　　Specify next fence point or [Undo]: 输入直线的第三个点，按空格键确认拾
取，然后结束选择。

　　Select object to trim or shift-select to extend or [Fence/Crossing/Project/Edge/
eRase/Undo]: 继续拾取需要修剪的图形，按空格键结束命令。

　　修剪后的结果如图 2.47 所示。

　　从前面还可以看出，修剪时除了 "Fence" 的选项，还有 "Crossing/Project/
Edge/eRase/Undo" 等选项。

　　其中，"Crossing" 选项是利用框选的模式选择被修剪的图形，对于
AutoCAD 2000 及以前的版本有利于提高效率，但对于 AutoCAD 2006 及以后的
版本，本身就可以采用框选的形式进行选择，所以这个选项已经失去了意义。

　　"Project" 选项用来选择坐标系。

　　"Edge" 选项为用户提供了在操作过程中修改边界模式的机会。例如，在进
行剪裁时发现边界模式的参数为 "0"，而修剪时需要边界模式为 "1"，这里不需

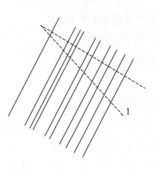
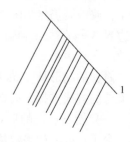

图 2.45　快速修裁要求　　图 2.46　修剪时拾取起始点　　图 2.47　修剪后的结果
　　　　　　　　　　　　　进行选择

要退出修剪的命令，只需要输入"e"。就会弹出以下对话框。

Select object to trim or shift-select to extend or [Fence/Crossing/Project/Edge/eRase/Undo]: e 输入边界模式修改参数"e"。

Enter an implied edge extension mode [Extend/No extend] <No extend>: e 从这里可以看出目前的模式为"不延伸"，也就是"No extend"，再次输入修改延伸的英文单词"extend"的首字母"e"，即可修改为延伸。这里的效果与"Edgemode"的参数为"1"是一样的。

Select object to trim or shift-select to extend or [Fence/Crossing/Project/Edge/eRase/Undo]: Specify opposite corner: 按提示选择需要修剪的图形即可。

"Undo"是一个纠错的方式，直接回到上一步的操作。

"eRase"是修剪的同时可以进行修改，减少了一个删除的步骤。下面介绍"eRase"选项的使用。

如图 2.48 所示，如果"Edgemode"的参数为"1"，以直线 5 和直线 6 为边界修剪圆。当选中 2 和 3 的位置时，4 所在位置就成了独立的一部分，如图 2.49 所示。通常情况下，结束修剪命令，然后进行删除。而实际上，完全可以采用修剪命令完成这一步的操作，步骤如下。

Command: tr TRIM 输入修剪命令。

Current settings: Projection=View, Edge=Extend 当前的设置为世界坐标系，边界模式为延长线为边界。

Select cutting edges ...

Select objects or <select all>: Specify opposite corner: 2 found 拾取直线 5、直线 6 作为边界。

Select objects: 按空格键确认选择。

Select object to trim or shift-select to extend or [Fence/Crossing/Project/Edge/eRase/Undo]: Specify opposite corner: 利用框选选择被修剪的图形，拾取起点。

Select object to trim or shift-select to extend or [Fence/Crossing/Project/Edge/eRase/Undo]: Specify opposite corner: 利用框选选择被修剪的图形，拾取终点。

Select object to trim or shift-select to extend or [Fence/Crossing/Project/Edge/eRase/Undo]: r 修剪后如图 2.49 所示，剩余 "4" 所在位置的圆弧。输入删除的命令 "r"，因为 "eRase" 与 "Edge" 的首字母相同，所以取了 "eRase" 的第 2 个字母。

Select objects to erase or <exit>: Specify opposite corner: 1 found 选择需要删除的图形，选中 "4" 所在位置的圆弧。

Select objects to erase: 按空格键确认。

Select object to trim or shift-select to extend or[Fence/Crossing/Project/Edge/eRase/Undo]: 按空格键结束修剪的命令。

修剪的最终效果如图 2.50 所示。这里可能有读者会问，如果修剪时按顺序选圆的 "2"、"4"、"3" 不就可以一次性修剪完成了吗？是的，如果事先考虑好了，按顺序修剪完全没有问题。但实际作图时往往是不假思索的，操作失误也是经常发生的事，所以这种可以事后补救的操作还是有必要的。

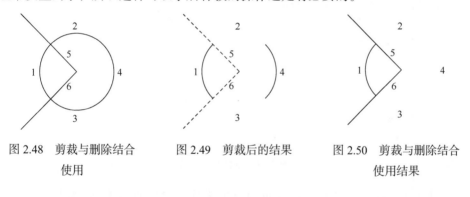

图 2.48　剪裁与删除结合　　　图 2.49　剪裁后的结果　　　图 2.50　剪裁与删除结合
　　　　　 使用　　　　　　　　　　　　　　　　　　　　　　　　　 使用结果

2.12　延　伸

延伸与修剪是相对的一种编辑操作，同样应用十分频繁，也适用于边界模式 "edgemode" 的 "0" 和 "1"。如图 2.51 所示的两条线段，当参数为 0 时，利用延伸 "extend" 的操作是无法使它们相交到一起的，而参数为 1 时，就可以相交到一起。

典型的操作如下。

Command: ex EXTEND 输入延伸的命令 "ex"。

Current settings: Projection=View, Edge=Extend 当前的设置，视图为可见，边界模式为延长线作为边界。

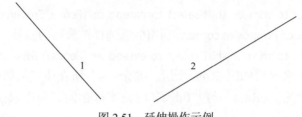

图 2.51　延伸操作示例

Select boundary edges ...

Select objects or <select all>: Specify opposite corner: 3 found　拾取延伸的边界，框选两条直线(有文字被选中，所以显示了 3 个图形)。

Select objects: 按空格键确认选择。

Select object to extend or shift-select to trim or[Fence/Crossing/Project/Edge/Undo]: Specify opposite corner: 选择需要延长的图形，框选第一点。

Select object to extend or shift-select to trim or [Fence/Crossing/Project/Edge/Undo]: 框选第二点，仍然选这两条直线。

延伸后的效果如图 2.52 所示。

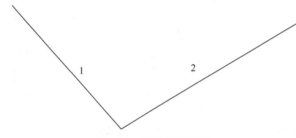

图 2.52　延伸后的图形

同修剪一样，延伸也可以通过两点来确认需要延伸的图形。如图 2.53 所示，需要把除直线 2、直线 3、直线 4、直线 5 之外的直线都延伸到直线 1 处。显然框选并不方便。下面采用两点的形式确认被延伸的图形来进行操作。

Command: ex EXTEND　输入延伸的命令"ex"。

Current settings: Projection=View, Edge=Extend　当前的设置，视图为可见，边界模式为延长线作为边界。

Select boundary edges ...

Select objects or <select all>: Specify opposite corner: 1 found　拾取边界，拾取直线 1 作为边界。

Select objects: 按空格键确认边界。

Select object to extend or shift-select to trim or[Fence/Crossing/Project/Edge/

Undo]: f 拾取被延长的图形，输入参数 "f" 改框选为利用两点确认被延长的图形。

Specify first fence point: 拾取第一个点。

Specify next fence point or [Undo]: 拾取第二个点，如图 2.54 所示，由这 2 个点确认的直线应通过除 "2"、"3"、"4"、"5" 之外的所有直线，如果不能通过，则可以继续画线来通过这些图形。

Specify next fence point or [Undo]: 画下一点，可以利用空格键确认。

No edge in that direction.

Select object to extend or shift-select to trim or [Fence/Crossing/Project/Edge/Undo]: 完成选择，确认后的结果如图 2.55 所示。

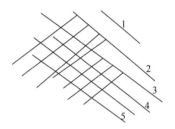　　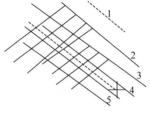　　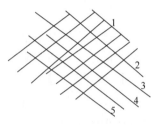

图 2.53　利用两点延伸试验　　图 2.54　利用两点穿过需要　　图 2.55　延伸后的图形
延伸的图形

从上面的示例可以看出，延伸操作过程中除 "Fence" 之外，同修剪的命令一样，也有 "Crossing/Project/Edge/Undo" 这几个参数，并且与修剪的意义一样。下面对 "Edge"，也就是边界模式修改进行介绍。

图 2.53 所示的图形，把除 "2"、"3"、"4"、"5" 之外的所有直线延伸到直线 1。但初始状态的 "edgemode" 参数为 "0"。操作如下。

Command: ex EXTEND 输入延伸的命令 "ex"。

Current settings: Projection=View, Edge=None 当前的设置中边界模式为 "None"，也就是延长线不作为边界。

Select boundary edges ...

Select objects or <select all>: Specify opposite corner: 1 found 选择边界，拾取直线 1 作为边界。

Select objects: 按空格键确认选择。

Select object to extend or shift-select to trim or [Fence/Crossing/Project/Edge/Undo]: e 从前面可以看出，边界模式不满足要求，此时需要进行边界模式修改，输入 "e" 进行修改。

Enter an implied edge extension mode [Extend/No extend] <No extend>: e 输入

延长线作为边界的参数"e"。

Select object to extend or shift-select to trim or[Fence/Crossing/Project/Edge/Undo]: f 输入参数"f"，利用两点穿过需要延伸的图形。

Specify first fence point: 选择穿过区域的起点。

Specify next fence point or [Undo]: 选择第二个点。

Specify next fence point or [Undo]: 按空格键结束选择。

Select object to extend or shift-select to trim or [Fence/Crossing/Project/Edge/Undo]: 按空格键结束延伸命令。

2.13　打　　断

打断的命令从 AutoCAD 2010 以后分为两种：一种是利用两点打断；另一种是从中间的一个点打断。

1）利用两点打断

利用两点打断的命令为"break"。打断前需要先拾取需要打断的图形，默认选择图形时单击的点作为第 1 个点，再选第 2 个点作为打断的第 2 个点。

如图 2.56 所示的直线，把直线 2 打断。第 1 点是选择线 2 时确定的，第 2 个点选线 2 与线 3 的交点。

Command: br　输入打断的命令"br"。

Select object: 选择直线 2。

Specify second break point or [First point]: 拾取直线 2 与直线 3 的交点。

打断的结果如图 2.57 所示。

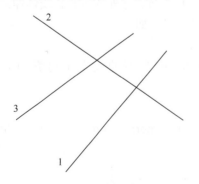
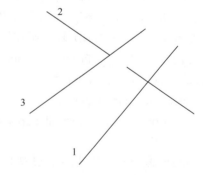

图 2.56　利用两点打断　　　　　　　图 2.57　利用两点打断的结果

从图 2.57 来看，打断的第 1 点位置是任意的，并不是想要的图形。如果想从直线 1 的交点与直线 3 的交点之间打断，等同于利用直线 3 和直线 1 作为边界对直线 2 进行修剪，这该如何操作呢？

Command: br break　输入打断的命令"br"。

Select object: 选择需要打断的直线，选择直线 2。

Specify second break point or [First point]: f　选择第 2 个点或者输入"f"选择第 1 个点，这里选择后者。

Specify first break point: 拾取第 1 个点，即直线 2 与直线 3 的交点。

Specify second break point: 拾取第 2 个点，拾取直线 2 与直线 1 的交点。

打断的效果与利用直线 1 和直线 3 作为边界修剪直线 2 一样。

2）从中间的一个点打断

命令为"br"，输入后其实也是"break"，不同的是，系统默认选择第 1 个点，当选择第 2 个点时系统自动取消。如图 2.58 所示，需要把直线 1 在与直线 2 相交处打断为 2 段。操作如下。

Command: br break　输入打断的命令"br"。

Select object: 选择直线 2。

Specify second break point or [First point]: f　这里的参数"f"为系统自动给出，直接跳到下一行。

Specify first break point: 选择第 1 个点，也就是直线 2 与直线 1 的交点。

Specify second break point: @　需要输入第 2 个点时系统自动给出一个"@"跳出。

Command: nil　系统自动给出一个空命令。

执行后的结果看上去和图 2.58 没有什么变化。但选中直线 1 的一端时就会发现直线 1 已经变成了两段，如图 2.59 所示。

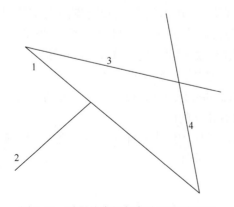

图 2.58　需要从中间打断为两段的图形

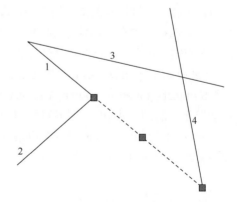

图 2.59　打断的效果

2.14　结　　合

结合的命令是"j"，也就是"Join"的首字母。它是把首尾相接的直线、圆弧、多义线或样条曲线连接起来。

值得注意的是，如果全部是直线或全部是圆弧或直线和圆弧，无法完成连接，因为连接后需要变成多义线，需要至少一段是多义线；如果全部是多义线，连接起来后仍然是多义线；如果是样条曲线，连接起来仍然是样条曲线。但是，利用"join"进行直线或圆弧和多义线首尾相接，如果先选直线或圆弧，后选多义线，则无法完成连接，因为多义线无法通过"join"变成直线或圆弧；如果先选多义线，则可以完成连接，连接后变成一个完整的多义线，因为直线可以变成多义线。同理，如果直线或圆弧和样条曲线首尾相接，必须先选样条曲线才能完成连接，连接后为样条曲线。对于样条曲线和多义线首尾相接，必须先选样条曲线才能完成连接，因为样条曲线无法利用这种方式变成多义线，连接后只能变成样条曲线。

具体操作步骤如下。

Command: j JOIN　输入连接的命令"j"。

Select source object: 拾取需要源图形，样条曲线或多义线，如果既有样条曲线又有多义线，应选样条曲线。

Select any open curves to join to source: Specify opposite corner: 7 found　利用框选选择需要连接的图形。

注意：框选时可以从右向左进行框选，如果选择集中有不需要连接的图形且其与目标不相交，则这样的图形被选中也没有关系，因为系统会自动忽略不相交的图形。如果选择集中有不需要连接的图形且与目标首尾相连，此时需要按下"Shift"键同时点击鼠标右键把该图形从选择集中去除，之后即可完成选择集的连接。

Select any open curves to join to source: 按空格键确认选择集。

5 objects joined to source, 1 object discarded from operation　连接成功，系统自动把无效的图形去除，如与这些图形没有相连的图形。

图 2.60 为利用"join"连接而成的图形，原图形中有样条曲线、直线、圆弧和多义线，但通过连接以后，全部变成了样条曲线。

图 2.60　利用"join"连接而成的图形

2.15 多义线编辑

多义线的编辑命令为"pe",是命令"Pedit"的前两个字母,这个命令是"polyline edit"的缩写。

多义线编辑包括连接、线宽、样条曲线、封闭图形等操作。下面对这些操作分别进行介绍。

连接的功能与前面的"join"类似,只是连接的只能是多义线。如果第一个选项不是多义线,会提示是否变成多义线,如果变成多义线,后面的连接要求同前面的"join",也就是说后面可以是多义线、直线或圆弧,但不能是样条曲线。

如图 2.61 所示,图形由直线和圆弧组成,需要把它全部变成多义线,并且连接起来,操作步骤如下。

Command: pe PEDIT 输入多义线编辑命令"pe"。

Select polyline or [Multiple]: 拾取多义线,这里拾取图形中的任意一段。

Object selected is not a polyline。Do you want to turn it into one? <Y> 提示,该图形不是多义线,是否变成多义线,默认是,所以直接按空格键确认即可。

Enter an option [Close/Join/Width/Edit vertex/Fit/Spline/Decurve/Ltypegen/Reverse/Undo]: j 输入连接的操作"j"。

Select objects: Specify opposite corner: 5 found 拾取需要连接的图形,直接利用框选全部选中。

Select objects: 按空格键确认选择。

4 segments added to polyline 显示 4 个新图形加入到多义线中。

Enter an option [Close/Join/Width/Edit vertex/Fit/Spline/Decurve/Ltype gen/Reverse/Undo]: 按空格键结束命令。

操作以后,图形被连接成首尾相连的多义线。

同样是图 2.61 所示的图形,变成多义线以后,可以输入宽度数值,使它有一定的宽度,操作如下。

Command: pe PEDIT 输入多义线编辑的命令"pe"。

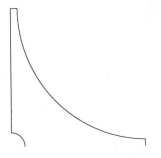

图 2.61 需要变成首尾相连的多义线的图形

Select polyline or [Multiple]: 拾取多义线,

这里拾取图形中的任意一段。

Object selected is not a polyline。Do you want to turn it into one? <Y> 提示，该图形不是多义线，是否变成多义线，默认是，所以直接按空格键确认即可。

Enter an option [Close/Join/Width/Edit vertex/Fit/Spline/Decurve/Ltypegen/Reverse/Undo]: w 输入宽度操作，使上述多义线有一定的宽度。

Specify new width for all segments: 30 输入宽度的数值。此时刚才选中的图形就有了一个宽度，如图 2.62 所示。

Enter an option [Close/Join/Width/Edit vertex/Fit/Spline/Decurve/Ltypegen/Reverse/Undo]: j 输入连接的命令。

Select objects: Specify opposite corner: 5 found 拾取需要连接的图形，直接利用框选全部选中。

Select objects: 按空格键确认选择。

4 segments added to polyline 显示 4 个新图形加入到多义线中。

Enter an option [Close/Join/Width/Edit vertex/Fit/Spline/Decurve/Ltypegen/Reverse/Undo]: 按空格键结束多义线编辑的命令。

最终的效果如图 2.63 所示。

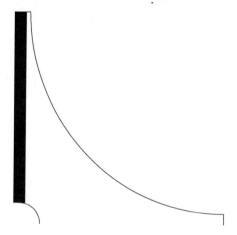

图 2.62　有了宽度的多义线

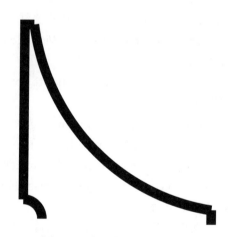

图 2.63　有一定宽度的多义线

样条曲线命令是把图形转化成样条曲线，以图 2.61 所示的图形为例来进行介绍。

Command: pe PEDIT 输入多义线编辑的命令 "pe"。

Select polyline or [Multiple]: 拾取多义线，这里拾取图形中的任意一段。

Object selected is not a polyline，Do you want to turn it into one? <Y> 提示，该图形不是多义线，是否变成多义线，默认是，所以直接按空格键进行确认。

Enter an option [Close/Join/Width/Edit vertex/Fit/Spline/Decurve/Ltype gen/ Reverse/Undo]: j 输入连接的命令。

Select objects: Specify opposite corner: 5 found 拾取需要连接的图形，直接利用框选全部选中。

Select objects: 按空格键确认选择。

4 segments added to polyline 显示 4 个新图形加入到多义线中。

Enter an option [Close/Join/Width/Edit vertex/Fit/Spline/Decurve/Ltype gen/ Reverse/Undo]: s 输入样条曲线的转换命令，但是此时会发现命令无效。

Command: PEDIT 利用空格键重复上一个命令，也就是多义线编辑的命令。

Select polyline or [Multiple]: Select polyline or [Multiple]: 选择上述连在一起的多义线。

Enter an option [Close/Join/Width/Edit vertex/Fit/Spline/Decurve/Ltype gen/ Reverse/Undo]: s 输入样条曲线的命令。

Enter an option [Close/Join/Width/Edit vertex/Fit/Spline/Decurve/Ltype gen/ Reverse/Undo]: 按空格键结束多义线编辑的命令。

此时可以看出，多义线被转换成样条曲线，如图 2.64 所示。

多义线编辑还提供封闭图形的功能，但仅限一处不封闭，不然无法确定如何封闭图形。如图 2.61 所示的图形，下面介绍用多义线编辑作一个封闭的多义线，操作步骤如下。

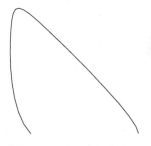

Command: pe PEDIT 输入多义线编辑的命令"pe"。

Select polyline or [Multiple]: 拾取多义线，这里拾取图形中的任意一段。

图 2.64　多义线转化为样条曲线

Object selected is not a polyline，Do you want to turn it into one? <Y> 提示，该图形不是多义线，是否变成多义线，默认是，所以直接按空格键进行确认。

Enter an option [Close/Join/Width/Edit vertex/Fit/Spline/Decurve/Ltype gen/Reverse/ Undo]: j 输入连接的命令。

Select objects: Specify opposite corner: 5 found 拾取需要连接的图形，直接利用框选全部选中。

Select objects: 按空格键确认选择。

4 segments added to polyline 显示 4 个新图形加入到多义线中。

Enter an option [Close/Join/Width/Edit vertex/Fit/Spline/Decurve/Ltype gen/ Reverse/Undo]: c 输入封闭图形的命令。

Enter an option [Open/Join/Width/Edit vertex/Fit/Spline/Decurve/Ltype gen/ Reverse/Undo]: 按空格键结束多义线编辑的命令。

操作后的结果如图 2.65 所示，成为一个封闭的多义线。

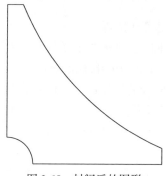

图 2.65　封闭后的图形

2.16　倒　　角

倒角分为倒圆角和倒直角两种形式。

1) 倒圆角

倒圆角的命令为"f"，是"Fillet"的首字母，是一个常用的命令。值得注意的是，进行倒圆角时，需要倒圆角的两条边不一定相交，可以不相交或者超出。

图 2.66 所示的两种形式均可以倒圆角。定义倒圆角均为 100mm，操作过程如下。

Command: f FILLET　输入倒圆角的命令"f"。

Current settings: Mode = TRIM, Radius = 0.0000　当前设置的修剪模式为修剪，半径为 0。

Select first object or [Undo/Polyline/Radius/Trim/Multiple]: r　因为需要的半径为 100mm，所以通过参数"R"来修改半径。

Specify fillet radius <0.0000>: 100　输入倒圆角的半径 100。

Select first object or [Undo/Polyline/Radius/Trim/Multiple]: 拾取第一条边。

Select second object or shift-select to apply corner: 拾取第二条边。

Select second object or shift-select to apply corner: 按空格键确认。

注意：此时也可以通过框选的形式直接选中两条边。

Radius is too large　系统提示倒圆角半径太大，也就是说，当前的图形无法完成倒圆角 100mm 的操作，需要缩小倒圆角的半径。

*Invalid*系统自动给出。

Command: f FILLET　输入倒圆角的命令 "f"。

Current settings: Mode = TRIM, Radius = 100.0000　当前设置的修剪模式为修剪，倒圆角半径为 100mm。

Select first object or [Undo/Polyline/Radius/Trim/Multiple]: r　输入 "r" 来修改倒圆角半径。

Specify fillet radius <100.0000>: 20　输入新的倒圆角半径 20。

Select first object or [Undo/Polyline/Radius/Trim/Multiple]: 选择第一条边或框选图形，本例中框选左侧的两条边。

Select second object or shift-select to apply corner: 按空格键确认选择。

Command: f FILLET　利用空格键重复上一个命令，也就是倒圆角的命令。

Current settings: Mode = TRIM, Radius = 20.0000　当前的设置修剪模式为剪裁，倒角半径为 20mm。

Select first object or [Undo/Polyline/Radius/Trim/Multiple]: 因为倒圆角半径不需要修改，所以可以直接进行图形选择，选中右侧两边的第 1 条边。

Select second object or shift-select to apply corner: 选右侧图形的第 2 条边。

倒圆角后的结果如图 2.67 所示。

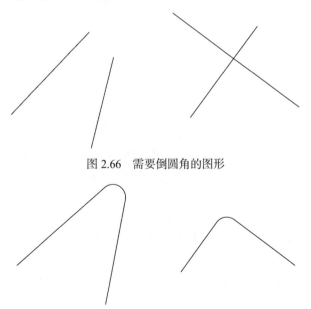

图 2.66　需要倒圆角的图形

图 2.67　倒圆角后的结果

倒角的模式默认为修剪，也可以改为不修剪。看一下如果模式更改为不修剪的效果，这样相当于利用切点、切点和半径画圆弧。

Command: f FILLET　输入倒圆角的命令 "f"。

Current settings: Mode = TRIM, Radius = 100.0000　当前设置的修剪模式为修剪，倒圆角半径为 100mm。

Select first object or [Undo/Polyline/Radius/Trim/Multiple]: t　输入修剪模式的命令。

Enter Trim mode option [Trim/No trim] <Trim>: n　输入不修剪操作 "N"。

Select first object or [Undo/Polyline/Radius/Trim/Multiple]: r　输入更改倒圆角半径的命令。

Specify fillet radius <100.0000>: 20　输入倒圆角的半径为 20。

Select first object or [Undo/Polyline/Radius/Trim/Multiple]:　拾取第 1 条边。

Select second object or shift-select to apply corner:　拾取第 2 条边。

Select first object or [Undo/Polyline/Radius/Trim/Multiple]:　拾取右侧第 1 条边。

Select second object or shift-select to apply corner:　拾取右侧第 2 条边。

操作后的结果如图 2.68 所示。

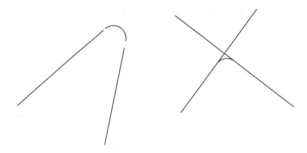

图 2.68　不修剪模式下的倒圆角结果

有时候需要对一个多边形的所有边进行倒圆角，这时就可以利用多义线的功能进行倒圆角。如图 2.69 所示的矩形，要把四个角倒成 R5 的圆角，操作步骤如下。

Command: f FILLET　输入倒圆角的命令。

Current settings: Mode = NOTRIM, Radius = 20.0000　当前设置的修剪模式为不修剪，倒圆角半径为 20mm。

Select first object or [Undo/Polyline/Radius/Trim/Multiple]: t　输入修剪模式的更改命令 "t"。

Enter Trim mode option [Trim/No trim] <No trim>: t，输入 "t" 把修剪模式改回修剪。

Select first object or [Undo/Polyline/Radius/Trim/Multiple]: r　输入倒圆角半径的命令。

Specify fillet radius <20.0000>: 5　输入倒圆角半径 5。

Select first object or [Undo/Polyline/Radius/Trim/Multiple]: p　输入选多义线的命令 "p"。

Select 2D polyline: 选择多义线，选择需要倒圆角的矩形。

4 lines were filleted　结果 4 条边被倒圆角。

矩形倒圆角的结果如图 2.70 所示。

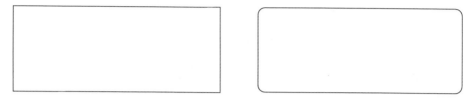

图 2.69　需要倒圆角的矩形　　　　　　　图 2.70　矩形倒圆角的结果

如果把倒角的半径改为 0mm，并且修剪模式为修剪，其作用等同于修剪 "trim" 和延伸 "extend"。如图 2.66 所示的图形，倒角半径为 0mm 时的倒圆角效果如图 2.71 所示，操作如下。

Command: f FILLET　输入倒圆角的命令 "f"。

Current settings: Mode = TRIM, Radius = 0.0000　当前设置的修剪模式为修剪，倒圆角半径为 0mm。

Select first object or [Undo/Polyline/Radius/Trim/Multiple]: m　输入多个倒圆角的命令 "M"，就可以实现连续倒圆角。

Select first object or [Undo/Polyline/Radius/Trim/Multiple]: 拾取左侧第 1 条边。

Select second object or shift-select to apply corner: 拾取左侧第 2 条边。

Select first object or [Undo/Polyline/Radius/Trim/Multiple]: 拾取右侧第 1 条边。

Select second object or shift-select to apply corner: 拾取右侧第 2 条边。

Select first object or [Undo/Polyline/Radius/Trim/Multiple]: 按空格键结束倒圆角的命令。

倒圆角(半径为 0mm)后的结果如图 2.71 所示。

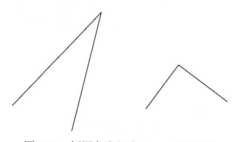

图 2.71　倒圆角半径为 0mm 时的效果

2) 倒直角

倒直角与倒圆角类似，只是倒直角的性质决定了它有两个尺寸，即第一条边倒角长度和第二条边倒角长度。它的命令为"cha"，也就是"chamfer"的前三个字母。如果感觉这种命令不好记，也可以直接点工具条上的图标，如图 2.72 所示。从图中可以看出，倒直角的图标还是比较形象的。

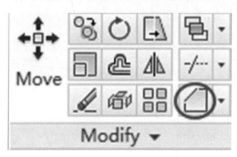

图 2.72　倒直角的图标

图 2.73 所示的图形，需要在第 1 条边上倒 10mm，在第 2 条边上倒 15mm，操作如下。

Command: cha CHAMFER 输入倒直角的命令"cha"。

(TRIM mode) Current chamfer Dist1 = 0.0000, Dist2 = 0.0000 当前的设置，修剪模式，第一边倒角尺寸为 0mm，第二条边倒角尺寸为 0mm。

Select first line or [Undo/Polyline/Distance/Angle/ Trim/mEthod/ Multiple]: d 输入字母"d"，来执行倒角的距离的命令。

Specify first chamfer distance <0.0000>: 10 输入第 1 条边的倒角距离为 10。

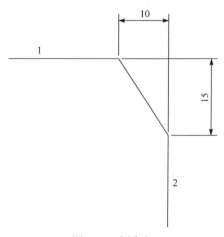

图 2.73　倒直角

Specify second chamfer distance <10.0000>: 15 输入第二条边的倒角距离为 15。

Select first line or [Undo/Polyline/Distance/Angle/Trim/mEthod/Multiple]: 拾取第 1 条边。

Select second line or shift-select to apply corner: 拾取第 2 条边。

同倒圆角一样，倒直角同样可以选择多义线。如图 2.69 所示的矩形，也可以同时倒 10mm×10mm 的倒直角。操作步骤如下。

Command: cha CHAMFER 输入倒直角的命令。

(TRIM mode) Current chamfer Dist1 = 0.0000, Dist2 = 0.0000 当前的设置，修剪模式，第一条边距离 0mm，第二条边距离 0mm。

Select first line or [Undo/Polyline/Distance/Angle/Trim/mEthod/Multiple]: d 输入距离修改命令"d"。

Specify first chamfer distance <0.0000>: 10 输入第一条边的倒角尺寸 10。

Specify second chamfer distance <10.0000>: 第二条边的距离也为 10mm，所以直接按空格键确认。

Select first line or [Undo/Polyline/Distance/Angle/Trim/mEthod/Multiple]: p 输入选多义线的参数"p"，也就是前面的"polyline"的首字母。

Select 2D polyline: 选择多义线，选中矩形。

Select 2D polyline: 按空格键确认。

4 lines were chamfered 结果，4 条边被倒直角。

四边倒直角的结果如图 2.74 所示。

图 2.74　四边倒直角的结果

除了两边的距离，还可以进行第 1 条边的距离和与第 1 条边的夹角来进行倒角。例如，对图 2.69 所示的矩形进行 10mm × 30°的倒角。操作过程如下。

Command: cha CHAMFER 输入倒角的命令"cha"。

(TRIM mode) Current chamfer Length = 0.0000, Angle = 0 当前的设置，修剪模式，第一条边距离 10mm，夹角 0°。

Select first line or [Undo/Polyline/Distance/Angle/Trim/mEthod/Multiple]: a 输入角度的命令"a"。

Specify chamfer length on the first line <0.0000>: 10 输入第 1 条边倒角的距离 10。

Specify chamfer angle from the first line <0>: 30 输入与第 1 条边的夹角 30。

Select first line or [Undo/Polyline/Distance/Angle/Trim/mEthod/Multiple]: m 输入连续倒角的命令 "m"。

Select first line or [Undo/Polyline/Distance/Angle/Trim/mEthod/Multiple]: 选择第 1 条边，选边 "1"。

Select second line or shift-select to apply corner: 选择第 2 条边，选边 "2"。倒第 1 个角。

Select first line or [Undo/Polyline/Distance/Angle/Trim/mEthod/Multiple]: 选择第 1 条边，选边 "3"。

Select second line or shift-select to apply corner: 选择第 2 条边，选边 "2"。倒出第 2 个角。

Select first line or [Undo/Polyline/Distance/Angle/Trim/mEthod/Multiple]: 选择第 1 条边，选边 "3"。

Select second line or shift-select to apply corner: 选择第 2 条边，选边 "4"。倒第 3 个角。

Select first line or [Undo/Polyline/Distance/Angle/Trim/mEthod/Multiple]: 选择第 1 条边，选边 "1"。

Select second line or shift-select to apply corner: 选择第 2 条边，选边 "4"。倒第 4 个角。

Select first line or [Undo/Polyline/Distance/Angle/Trim/mEthod/Multiple]: 按空格键结束倒角的命令。

倒角后的结果如图 2.75 所示。

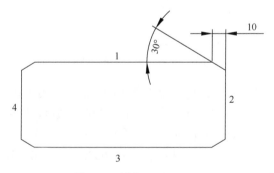

图 2.75　倒角 10mm × 30°

在操作中还有一个参数 "mEthod"，是在两边距离与一边距离和角度两种方式中的切换。例如，在倒出图 2.75 所示的角之后，系统设置为与一边距离和夹角的方式。如果切换到两边距离的形式，就可以采用这个参数。具体操作如下。

Command: cha CHAMFER　输入倒角的命令。

(TRIM mode) Current chamfer Length = 10.0000, Angle = 30　当前的设置，修剪模式，第一边倒角距离 10mm，夹角 30°。

Select first line or [Undo/Polyline/Distance/Angle/Trim/mEthod/Multiple]: e　输入切换格式的参数 "e"。

Enter trim method [Distance/Angle] <Angle>: d　输入距离的倒角形式。

Select first line or [Undo/Polyline/Distance/Angle/Trim/mEthod/Multiple]: d　输入距离的命令。

Specify first chamfer distance <0.0000>: 10　输入第 1 条边的距离 10。

Specify second chamfer distance <10.0000>:　利用空格键确认第 2 条边的长度 10。

Select first line or [Undo/Polyline/Distance/Angle/Trim/mEthod/Multiple]:　按空格键结束倒角的命令。

事实上，通常不利用 "mEthod" 来改变倒角方式，而是直接输入 "distance" 或 "angle" 来进行切换。因此，"mEthod" 这种操作的存在意义不大，如下面的操作。

Command: cha CHAMFER　输入倒角的命令 "cha"。

(TRIM mode) Current chamfer Dist1 = 0.0000, Dist2 = 0.0000　当前的模式为修剪模式，第 1 边倒角距离 0mm，第 2 边倒角距离 0mm。

Select first line or [Undo/Polyline/Distance/Angle/Trim/mEthod/Multiple]: a　直接输入 "a"，切换成倒角边长度和角度的形式。

Specify chamfer length on the first line <0.0000>: 10　输入倒角边的长度 10。

Specify chamfer angle from the first line <0>: 30　输入与第 1 条边的夹角 30。

Select first line or [Undo/Polyline/Distance/Angle/Trim/ mEthod/Multiple]:　选择第 1 条边。

Select second line or shift-select to apply corner:　选择第 2 条边。

Command: CHAMFER　按空格键重复上一个命令，也就是倒角的命令。

(TRIM mode) Current chamfer Length = 10.0000, Angle = 30　当前的模式为修剪模式，第 1 条边的距离为 10mm，夹角为 30°。

Select first line or [Undo/Polyline/Distance/Angle/Trim/mEthod/Multiple]: d　输入两边的距离命令 "d"，切换成两边距离的形式。

Specify first chamfer distance <0.0000>: 10　输入第 1 条边的倒角长度 10。

Specify second chamfer distance <10.0000>:　利用空格键确认第 2 条边的倒角长度 10。

Select first line or [Undo/Polyline/Distance/Angle/Trim/mEthod/ Multiple]:　拾取

第 1 条边。

Select second line or shift-select to apply corner: 拾取第 2 条边。

2.17　炸　　开

炸开的命令为"x"，也就是"Explode"的第二个字母(第一个字母"e"用于更常用的命令删除"erase")。

对于块，炸开后变成图形；对于尺寸标注，炸开后变成文字、箭头和直线；对于多行文字，可以通过炸开变成单行文字；对于从 Excel 表格插入的图形，可以炸开成多行文字和直线；对于多义线，可以炸开变成直线和圆弧的组合；通过 16 段圆弧画成的椭圆，由于本身是多义线，所以炸开后为 16 段圆弧；对于填充，炸开后则变成多条直线。

直线、圆弧、单行文字、圆、块属性等基本的图形，则无法通过炸开的命令再次被炸开。

值得注意的是，如果图形中有很多块全部炸开成单体，往往会导致文件变大，操作速度变慢。

对于 AutoCAD2013 以后的版本做成的组，用低版本的 AutoCAD 打开后，会变成无名块，而这些无名块是无法炸开的。

2.18　编　　组

编组的命令为"g"，即"Group"的首字母。

编组后图形与块一样，看起来是一个整体，并且可以通过点选同时选中一个组。但它与块又不一样，同名的块内部全部一样，而同名的组可以不一样。块可以通过插入的形式添加到图形中，而组不能，只能通过复制的形式添加。

输入编组的命令后会弹出图 2.76 所示的对话框。在"Group Name"中可以输入编组的块，其中"Description"选项可以不填写，也可以填写。填写后，可以通过单击"New"选项添加到组中。

如图 2.77 所示的眼板，对它进行编组，并起名为"16T_Pad"。注意名称不能有非法字符，如空格、全角字符等。操作过程如下。

Command: g GROUP 输入编组的命令"g"。

弹出图 2.76 所示的对话框。在"Group Name"里输入"16T_Pad"；

单击"New"来添加图形，此时会回到绘图对话框。

Select objects for grouping: 按提示选择图形。

图 2.76 编组对话框

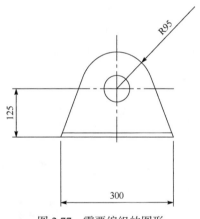

图 2.77 需要编组的图形

Select objects: Specify opposite corner: 9 found,通过框选选中图形,包括部分尺寸标注。

Select objects: Specify opposite corner: 1 found, 1 removed, 8 total 按住 Shift 键,把尺寸标注从选择集中去除。

Select objects: 按空格键来确认选择。

完成后会回到图 2.78 所示的对话框,单击"OK"确认即可。

从图 2.78 可以看出,有了编组以后,"Change Group"选项里的内容就可以进行操作了。包括移除"Remove",即把图形从编组中移除;增加图形"Add";重命名"Rename";炸开"Explore";可选择性"Selectable"等。

其中,"Selectable"前面的勾一旦去掉,就相当于移除了这个编组。

下面介绍编组的复制。选中前面做好的组"16T_Pad",复制到旁边。

图 2.78　填写完成的编组对话框

　　利用右键查看它的特性，如图 2.79 所示，虽然可以通过点选选中组中的全部图形，但是，当通过鼠标右键查看它的特性时，仍然和没有编组时是一样的。

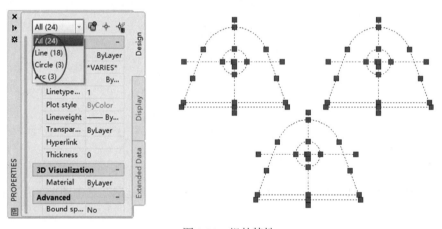

图 2.79　组的特性

　　编组后并不能像块编辑一样对组进行修改，只能通过图 2.78 所示的编组对话框进行增减。

　　从图 2.79 的特性来看，组并不是一个整体，更不是一个块。因此，AutoCAD 提供了一个系统参数，可以使对组的选择有所区别。输入命令"pickstyle"，当参数为 1 时，组就是一个整体，可以通过点选来选中，但不能进行修改；当参数为 0 时，组与其余的图形看不出任何区别，不能同时选中，也可以进行修改。下面对图 2.79 所示 3 个组中的一个进行修改。

Command: pickstyle　输入拾取编组的参数命令 "pickstyle"。

Enter new value for PICKSTYLE <1>: 0　把参数修改成 0，也就是不能进行点选拾取组内的所有图形。

Command: Specify opposite corner:　拾取最下面组中的 2 条中心线。

Command: e ERASE 2 found　输入删除命令，把这 2 条线删除。

Command: c CIRCLE　输入画圆的命令。

Specify center point for circle or [3P/2P/Ttr (tan tan radius)]:　拾取最下面组的圆心作为画圆的圆心。

Specify radius of circle or [Diameter]: 50　输入圆的半径。

完成后的图形如图 2.80 所示，此时 3 个组名称相同，但图形已经不同了。

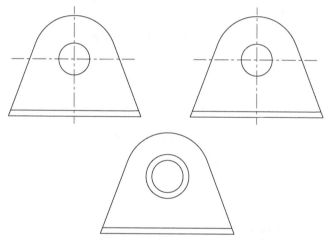

图 2.80　修改 "pickstyle" 参数后完成的图形

把 "pickstyle" 参数修改为 0 以后，无法通过点选来选中组内的所有图形。所以修改完成图形以后，还要把参数修改回来。

但修改回来以后，发现新画的圆并不在组内。而这个名称为 "16T_Pad" 组的基准仍然在原始的位置。如果想把这个新画的圆加入组中，就需要重新建一个组，选择时可以通过点选的形式选中除这个圆之外的图形，操作如下。

Command: g GROUP　输入编组的命令 "g"。

此时会弹出编组对话框，在 "Group Name" 中输入组的名称 "16T_PAD1"，如图 2.82 所示。

Select objects for grouping:　拾取组内的图形。

Select objects: 6 found, 1 group　拾取修改后的组，加上新画的圆。

Select objects: Specify opposite corner: 7 found (6 duplicate), 1 group, 7 total　原

来的组内存在 6 个图形，新的圆 1 个，因此会有 7 个图形被选中。修改后的组选中后如图 2.81 所示。

Select objects: 按空格键确认选择。

完成后单击"OK"确定。

此时，新的编组就可以通过点选的形式选中了。

这种形式非常适合画类似的剖面，如船舶与海洋平台的横剖面，多个剖面的形状类似，但又不完全一样。

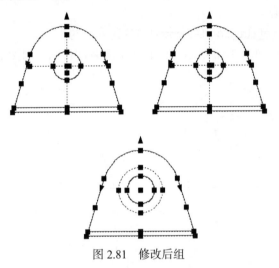

图 2.81　修改后组

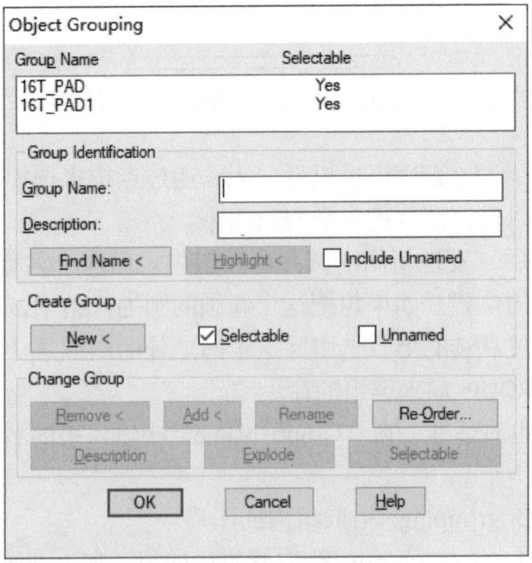

图 2.82　建立新的编组

2.19　打　印　输　出

画的图形最终要打印输出才能下发给生产，或者送审船级社。打印可以采用单击图标、按"Ctrl+P"快捷键、输入"Print"或"Plot"命令的方式来实现。

弹出的打印对话框如图 2.83 所示，需要进行如下操作。

选择打印机，可以选实体的打印机打印成图纸输出，也可以打印到 PDF 文件，或者直接打印成图片。

选择图纸幅面，这个是与打印机相关的，选择打印机后才能进行图纸幅面的选择。

选择打印的区域，通常采用窗口打印方式。需要拾取打印区域对角线上的两点。

图中有一个"Center the plot"，也就是居中打印。通常是选上的。

如果需要从打印机输出，可以选择打印份数。但这个打印份数不建议选，因为图形的数据量比文字大，有的打印机数据传输速度很慢，影响打印时间。需要打印多份时最好是打印一份后再复印。

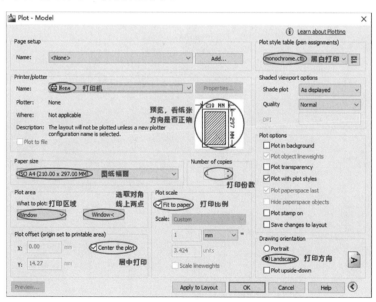

图 2.83　打印设置对话框

中间有一个打印比例。对于船舶与海洋工程的图纸，通常都是小比例，因此直接选中"Fit to paper"，也就是适应图纸打印即可。通常情况下，这个比例会比设置的要小，例如，设置了 1：50 的打印输出，把图框放大 50 倍，如果选用了"Fit to paper"打印，实际打印的比例为 1：X，这个 X 会大于 50。因为打印机会有一个边打印不出来。所以想要完全按 1：50 的比例打印，图框就不能放大 50 倍，而是要放大 48 倍或者接近的一个比例。

　　有些特殊的情况下需要按 1：1 来打印输出，如制作样板，或者打印相贯线包在无缝钢管上切割钢管的相线。可以把"Fit to paper"前面的勾去掉，选中 1：1 的比例来打印。

　　右侧上方有个打印样式的选择，对于图纸，通常需要的是黑白打印。需要选择"Monochrome"这种样式，也就是单色打印。

　　右侧下方有个纸张方向选项。若右侧的选项卡没有显示出来，则需要单击右下角的箭头把它展开。

　　确认完成后可以通过左下角的"Preview"进行预览，没有问题后可以单击"OK"确定，也可以直接单击"OK"来确定。

第3章 标 注

图形画完以后，尺寸要用标注来表达。标注包括线性的尺寸、斜度、角度、形状公差、位置公差、粗糙度、坐标等。但图纸最终是要打印输出的，所以就需要一个打印比例，这也与标注的比例直接相关。标注的基本要求是打印后能够看清楚，并且各个尺寸大小整齐划一。如果有在图板上用尺规作图的经验，就会比较清楚比例的设置。

3.1 标 注 设 置

标注设置的目的是使打印出来的图形符合标准，看起来舒服。因此，必须要有字体样式、字高、打印比例的要求。字体太大，会覆盖住图形；字体太小，打印出来又看不清楚。所以规定，打印后正文中标注字高为 2～2.5mm，标题为2.5～3.5mm。

为了明确尺寸标注的设置，先来介绍机械制图的尺寸标注。如图 3.1 所示，这是一个典型的尺寸标注形式。首先看一下各部分的名称。其中数值"1646"和"2914"称为尺寸数值。这两个数值下面的线称为"尺寸线"，这两个数值左右两侧的线称为"尺寸界线 1"和"尺寸界线 2"。为了更方便表示，在图3.2 中引入一些符号来说明标注设置中的各个距离。

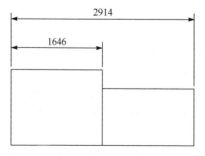

图 3.1　典型的尺寸标注

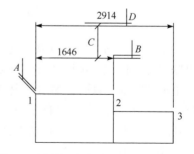

图 3.2　尺寸标注中需要设置的几个尺寸

通常施工图的打印比例为 1∶20、1∶25、1∶40、1∶50、1∶100，基本结构图送审时通常采用 1∶50 和 1∶100；系统原理、总布置图、舱室布置图、密性试验大纲等通常采用 1∶150、1∶200、1∶250、1∶300 等。如果总体比例为

1∶*a*，局部图形放大 *k* 倍，则局部图形标注的比例应为 1∶(*a/k*)。通常对于标注的颜色没有要求，因为打印出来全部是黑白的，但是为了看图方便，对标注的颜色也进行要求。

如果在尺寸界线内不能同时放下尺寸和箭头，那么通常用来放尺寸，所以在 Fit option 一项中选取 text。因为船上的尺寸都比较大，通常情况下尺寸标注的精度取到 1mm 就可以了，所以在精度选项中的小数点位为 0。

标注设置可以直接输入命令"d"，也就是在"Dimension Style Manager"对首字母进行设置，也可以从下拉菜单"Format\Dimension…"中进行设置。弹出图 3.3 所示的对话框。

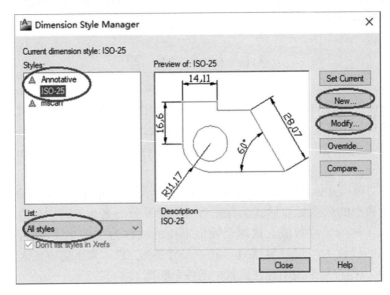

图 3.3　标注样式管理对话框

如果是全新的文件，可以通过"New"来新建标注样式，如果是从已有的设置里修改标注样式，可以通过"Modify"来进行修改。

单击"New"以后，弹出如图 3.4 所示的对话框。把名称改为需要的名称，最好是一个容易识别的名称。下面的"Use for"选所有尺寸即可，然后单击"Continue"，进入标注样式修改对话框。

如图 3.5 所示，标注样式管理对话框中包括 Lines、Symbols and Arrows、Text、Fit、Primary Units、Alternate Units、Tolerances 等选项，下面逐一进行介绍。

Text 对话框如图 3.5 所示。需要修改的包括文本的样式，也就是标注尺寸的文本样式。文字的颜色默认为"ByBlock"，也就是随块。为了使图形更清晰易读，通常把文本单独设置成一种颜色，如绿色、红色、粉色等。文本的填充选默认的不填充。字高如前面描述的，按 1∶1 的比例，2.5mm 高来设置。文字的位置按默认设置，不修改。其中，文字与尺寸线的距离，也就是图 3.2 中的尺寸 "D"，设置为字高的 1/4～1/3。

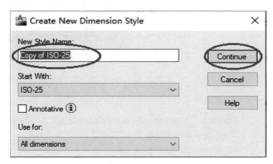

图 3.4　新建标注样式管理

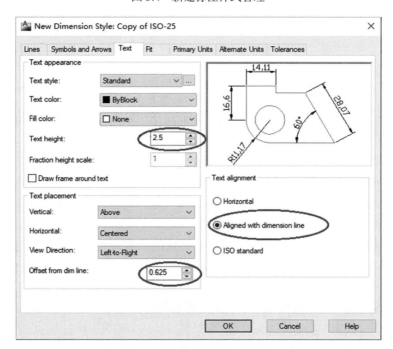

图 3.5　标注样式修改对话框

字体对齐方式也可以选默认。

"Lines" 设置对话框如图 3.6 所示。其中尺寸线的设置包括：颜色，可以根据需要设置一种颜色；线型设置 "Continuous"，线宽设置 "Default"，即细实线。

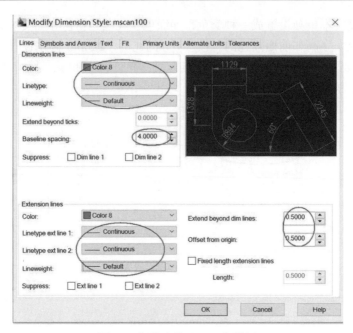

图 3.6　标注中的"Lines"设置

　　下面一行"Baseline spacing"指的是基准标注时相邻两条尺寸线之间的距离，如图 3.2 中尺寸"C"所示。由于基准标注用得比较少，很少人知道这个数据的作用。

　　尺寸线也应该为细实线，所以设置的尺寸界线 1 和尺寸界线 2 的线型都应为"Continuous"，线宽均选"Default"。

　　右侧的"Extend beyond dim lines"是指尺寸界线超过尺寸线的距离，也就是图 3.2 中的尺寸"B"，取字高的 1/3 左右。

　　右侧的"Offset from origin"是指从标注的拾取点到尺寸界线开始的距离，也就是图 3.2 所示的尺寸"A"，这个尺寸可以为 0，也可以设置为一个字高的 1/4～1/3。

　　在"Symbols and Arrows"里，主要修改的内容为箭头的符号。设置对话框如图 3.7 所示。其中，左上为箭头设置，包括尺寸线两头的箭头和引出标注的箭头，一般情况下选默认，不需要进行修改。左中为箭头长度和圆中心标注，箭头大小一般与字高取相同的数值，对于船舶与海洋工程，圆中心一般不需要做标记。左下面有个"Break size"，为标注被实体断开后，尺寸线或尺寸界线显示断开的距离。如图 3.8 所示，目的是使图形或文字标注更清楚，避免发生重叠。这个尺寸选默认即可。

　　在"Fit"选项中，可以对文字和箭头不能同时在尺寸界线间的问题进行设置，以及设置全局的标注比例等。设置对话框如图 3.9 所示。左上的设置，当文字和箭头不能同时在尺寸界线间时，默认的选项并不适合，尤其是标注圆的直径和圆弧半径时，应选择其他选项。

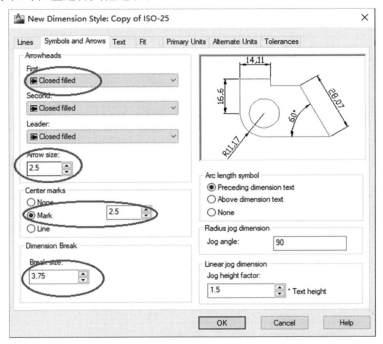

图 3.7 "Symbols and Arrrows"设置

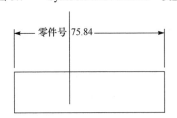

图 3.8 尺寸标注被图形或文字断开

右侧有一个"Scale for dimension features"，这里有一个全局标注比例"Use overall scale of"，默认为 1。这个数取图纸比例的倒数，如绘图比例为 1∶50，这里应该填写 50。如果标注设置按 1∶1 设置完成以后，只需要更改这个全局比例，就可以适应不同的绘图比例。例如，从基础设置输入的图纸为 1∶100，到下发施工图时需要改成 1∶50，只需要把这个全局尺寸标注比例的值由 100 改成 50 即可。

在尺寸标注管理器中，单位的设置，也就是"Primary Units"的设置对话框如图 3.10 所示。尺寸标注的精度，在船舶与海洋工程上，通常取 mm，也就是说，精度没有小数点。小数点的符号有时默认为"，"，需要改为"."。

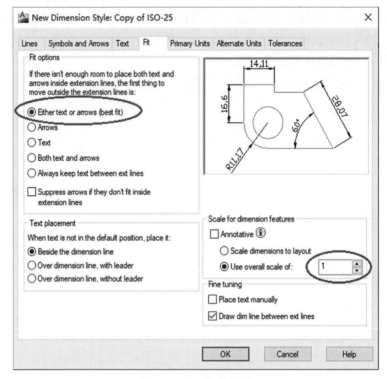

图 3.9　"Fit"的设置

　　放大系数，通常为 1∶1 绘制，所以这里的系数取 1，不需要更改。在编制局部视图时，例如，要放大 4 倍，但需要标注实际的尺寸，这里系数应该填写 0.25。

　　后面有一个小数点后的 0 是否需要的选项，通常需要把"Trailing"选上，也就是说小数点后面的"0"在标注时不显示。例如，尺寸为 125.0mm，标注时显示为 125。

　　右侧为角度标注的形式和精度。其中小于 1°的角度可以是小数，也可以是分、秒的形式。

　　在 AutoCAD 中，标注管理器中的"Tolerances"通常不需要进行设置，也就是不对每个标注都标同样的公差。如图 3.11 所示，公差应该选默认的"None"，此时的上下偏差也是虚的，不能被选中。

　　辅助尺寸标注主要用于表现公制尺寸与英制尺寸，设置对话框如图 3.12 所示。需要勾选上"Display alternate units"。在"Unit format"里选一种英制的格式。在下面的"Precision"中选择英制的单位精度。

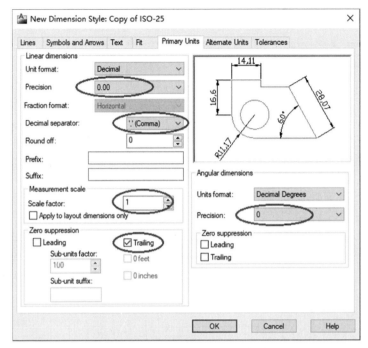

图 3.10　"Primary Units"选项

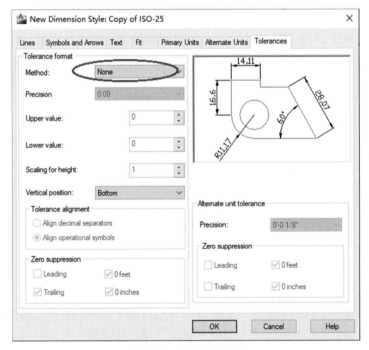

图 3.11　公差标注设置

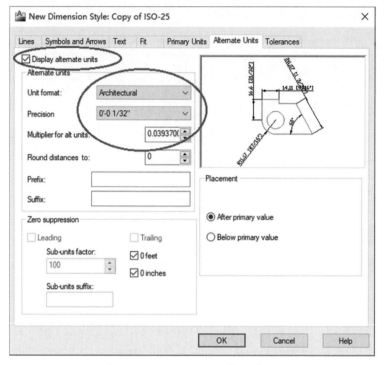

图 3.12　Alternate Units 标注设置

通常情况下，不需要同时标注公制和英制单位，对该项内容只需要了解一下。典型的两种单位标注结果如图 3.13 所示。

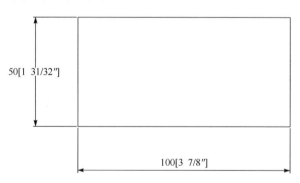

图 3.13　两种单位形式标注

通过《机械制图》可以知道，角度标注的文字永远都是水平的，而其余的尺寸都是与尺寸线平行的。因此，在标注时应进行区分。如何把角度标注设置成水平，而其余的标注都与尺寸线平行呢？下面介绍具体步骤。

输入命令"d"，调出图 3.3 所示的标注样式管理对话框，找到已经设置好的一种标注样式并选中，然后单击右侧的"New"，弹出图 3.14 所示的对话框。

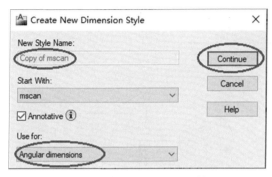

图 3.14 角度标注设置对话框

在对话框中不能设置标注样式文件名，在下面的"Use for"里选中"Angular dimensions"，此时的文件名会变成虚的，不可修改。确认以后，单击"Continue"，进入图 3.4 所示的对话框。不同的是，基本的设置都已经完成，不适用于角度标注的设置也变成了不可选项。由于基本的设置都已经设置好，所以这里只需要设置"Text"选项卡。如图 3.15 所示，把文字位置设置成"Horizontal"，此时的角度标注就变成了水平的。

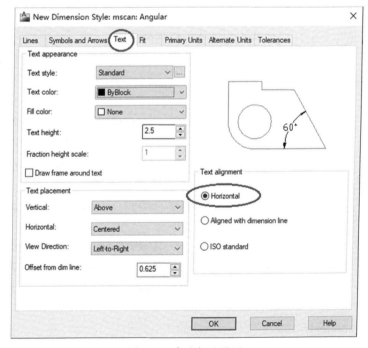

图 3.15 角度标注设置

标注样式设置完成以后，来看一下典型的图形标注示例，如图 3.16 所示。

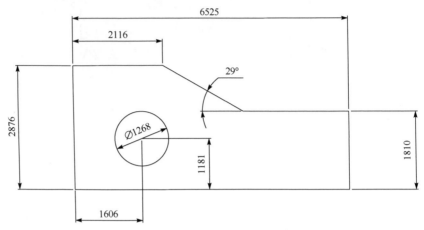

图 3.16　设置完成后的标注实例

3.2　线　性　标　注

线性标注的命令为"dli"，是"DimLinear"的简写。标注仅限于水平和垂直方向的距离。如图 3.17 所示的斜线，需要标注两点间的水平距离，因为水平距离比较小，所以有时用鼠标并不容易选中合适的位置。

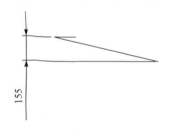

图 3.17　两点的水平距离标注

为了明确标注的为水平距离，需要通过命令来告诉计算机需要的是什么。具体的操作步骤如下。

Command: dli DIMLINEAR 输入线性标注的命令。

Specify first extension line origin or <select object>: 拾取标注的起点。

Specify second extension line origin: 拾取标注的第二点。

Specify dimension line location or [Mtext/Text/Angle/Horizontal/Vertical/Rotated]: v 输入"v"，表示标注的尺寸线为竖直，也就是标注水平距离。

Specify dimension line location or [Mtext/Text/Angle]: 选择合适位置确定标注的尺寸线位置。

Dimension text = 155 系统显示标注的文字大小。

如果标注的两点之间有明确的直线，或者多义线的一段，直接按空格，也就是确定该直线的两端点作为标注的两尺寸界线的起点。

与输入"v"可以指定尺寸线垂直标注垂直距离一样，输入命令"h"，也可以指定尺寸线水平标注水平距离。

从前面的标注选项中还可以看到有角度"Angle"的选项，这里的角度是指标注文本的倾斜角度。图 3.18 所示为倾斜的文本。从图中可以看出，这种倾斜并不是想要的结果，所以一般不需要这个倾斜角度。

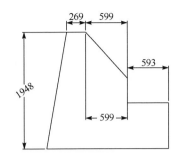

图 3.18　文本倾斜的标注

有时候需要进行公差的标注，此时就需要对标注的文本进行编辑。文本编辑的形式与多行文本一样。例如，需要标注一个尺寸 $\varnothing356^{+0.2}_{-0.1}$，操作步骤如下。

Command: dli DIMLINEAR 输入尺寸标注的命令。

Specify first extension line origin or <select object>: 利用空格键确认直线的两端点为尺寸界线的两起点。

Select object to dimension: 拾取需要标注的直线。

Specify dimension line location or [Mtext/Text/Angle/Horizontal/Vertical/Rotated]: m 输入"m"进行标注的多行文本编辑。

输入后会弹出图 3.19 所示的对话框。因为尺寸与标注的两点是相关联的，所以不要轻易更改，需要在尺寸文本前和文本后进行修改。在尺寸的文本前面输入"%%c"，输入后会自动变成"∅"。光标移到文本后面，输入"+0.2^−0.1"，然后选中"+0.2^−0.1"，单击图标"$\frac{b}{a}$"，即可变成上下标的形式，也就是尺寸公差，标注后的结果如图 3.20 所示。

Specify dimension line location or [Mtext/Text/Angle/Horizontal/Vertical/Rotated]: 选择合适位置来确定尺寸线的位置。

Dimension text = 356

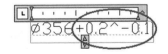

图 3.19　尺寸标注的多行文本编辑

图 3.20　尺寸公差标注结果

3.3　两点距离标注

　　两点距离标注与线性标注不同的是两点距离标注直接标注两点间的距离，可以是斜长。命令为"dal"，是"dimaligned"的简称。如果感觉命令不好记，可以直接单击工具条的图标，如图 3.21 所示。

　　两点距离的标注方法与线性标注类似。下面是典型的两点距离标注步骤。

Command: dal DIMALIGNED　输入两点距离标注的命令"dal"。

Specify first extension line origin or <select object>: 指定第一尺寸界线的原点或选择对象。这里直接按空格键，利用拾取直线的形式。

Select object to dimension: 拾取直线。

Specify dimension line location or [Mtext/Text/Angle]: 选择合格的尺寸线位置。

Dimension text = 2980　系统测量出尺寸数值。

图 3.21　尺寸标注工具条

3.4　圆　标　注

　　圆标注是标注直径的尺寸。命令为"ddi"，是"DimDiameter"的简称。工具条的图标为，典型的圆标注过程如下。

Command: ddi DIMDIAMETER　输入直径标注的命令。

Select arc or circle: 拾取圆。

Dimension text = 1530　系统测量圆的直径。

Specify dimension line location or [Mtext/Text/Angle]: 拾取标注线的位置。

标注效果如图 3.22 所示。

再来看标注设置"Fit"选项里的尺寸位置，如果选择图 3.23 所示的默认选项，标注的效果如图 3.24 所示。如果直径标注放在圆内，则只显示尺寸线的一半，不显示另一半；如果直径标注放置在圆外，则尺寸线都在圆外，不符合常规的标注要求。因此，在 3.1 节标注设置时要求不要选默认设置。

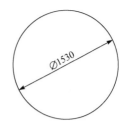

图 3.22 直径标注效果

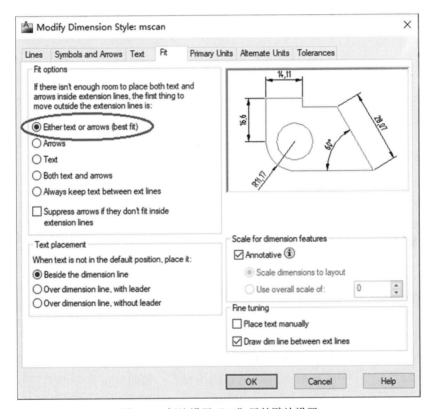

图 3.23 标注设置"Fit"里的默认设置

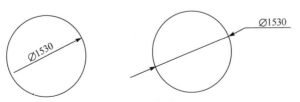

图 3.24 "Fit"默认设置标注直径的效果

3.5　圆 弧 标 注

圆弧标注的命令为 "dra"，也就是 "DimRadius" 的简写，或者单击圆弧标注的图标 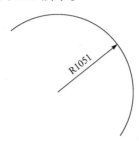 。

常用标注半径的效果如图 3.25 所示。

图 3.25　典型的圆弧标注

3.6　大圆弧标注

大圆弧标注用于圆弧半径远大于弧长的圆弧的标注。如果采用圆弧标注，会拖出一段长长的尺寸线。标注命令为 "djo"，是 "DimJogged" 的简写。大圆弧标注的图标为 ，操作步骤如下。

Command: djo DIMJOGGED 输入大圆弧标注的命令。

Select arc or circle: 拾取大圆弧。拾取的点作为大圆弧标注的箭头起点，也就是图 3.26 所示的 "1" 点。

Specify center location override: 拾取标注的圆心点，该点为大圆弧标注的尺寸线的边界点，如图 3.26 所示的 "2" 点。

Dimension text = 3415 系统显示出大圆弧的半径。

Specify dimension line location or [Mtext/Text/Angle]: 拾取标注的半径的文字位置。

Specify jog location: 选取平行于标注的半径的文字下方的尺寸线，拾取的点为图 3.26 所示的 "3" 点所在位置。

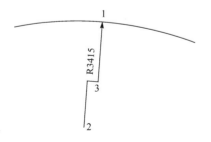

图 3.26　大圆弧标注

3.7　坐　标　标　注

坐标标注用于标注图形的坐标点，通常用于图形相对于坐标原点有明确的坐标值的情况。如果图形是采用相对坐标绘制的，可以以其中的某点作为基准点，移到坐标原点。

坐标标注的命令为 "dor"，是 "DIMOrdinate" 的简写，图标为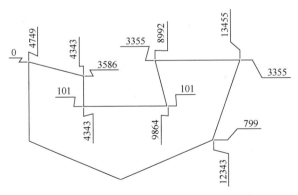。

图 3.27 所示的是典型的坐标标注，从图中可以看出，X 坐标和 Y 坐标是分开标注的。其中 X 坐标文字为竖直的，也就是文字的旋转角度为 90°；Y 坐标的文字为水平的，也就是文字的旋转角度为 0°。

选中一个点以后标注 X 坐标还是 Y 坐标，可以通过移动鼠标的位置来确定，也可以直接输入命令来确定。下面对这两种形式进行介绍。

Command: dor DIMORDINATE　输入坐标标注的命令。

Specify feature location: 拾取需要标注的点。

Specify leader endpoint or [Xdatum/Ydatum/Mtext/Text/Angle]: 设置标注位置。

Dimension text = 17343　该点的 Y 或 X 坐标值。

Command: DIMORDINATE　按空格键重复上一个命令。

Specify feature location: 拾取需要标注的点。

Specify leader endpoint or [Xdatum/Ydatum/Mtext/Text/Angle]: x　输入 "x" 命令，输出该点的 X 坐标点，也是垂直标注的坐标点。

Specify leader endpoint or [Xdatum/Ydatum/Mtext/Text/Angle]: 拾取坐标值的放置位置。

图 3.27　典型的坐标标注

Dimension text = 17912　该点的 X 坐标值。

Command: DIMORDINATE　按空格键重复上一个命令。

Specify feature location: 拾取需要标注的点。

Specify leader endpoint or [Xdatum/Ydatum/Mtext/Text/Angle]: y　输入 "y" 命令，指定输入 Y 坐标。

Specify leader endpoint or [Xdatum/Ydatum/Mtext/Text/Angle]: 指定 Y 坐标的放置位置。

Dimension text = 19131　系统显示 Y 坐标值。

3.8　连 续 标 注

连续标注用于标注连续的型材间距等，各个尺寸首尾相接，看起来比较整齐。连续标注需要先进行一个线性标注，然后以该标注的第 2 个点为连续标注的第 1 个点。如图 3.28 所示，第 1 个标注的起点必须先拾取点 "1"，后拾取点 "2"，然后进行连续标注，依次拾取点 "3"、"4"、"5"、…。

连续标注的命令为 "dco"，是 "DimContinue" 的简写，标注的图标为 ⊞。连续标注的步骤如下。

Command: dli DIMLINEAR　输入线性标注的命令，来标注第 1 个尺寸。

Specify first extension line origin or <select object>: 拾取起始点，取点 "1"。

Specify second extension line origin: 拾取标注的第 2 个点，取点 "2"。

Specify dimension line location or [Mtext/Text/Angle/Horizontal/Vertical/Rotated]: 利用空格键结束线性标注的命令。

Dimension text = 1000　显示标注的尺寸值。

Command: dco DIMCONTINUE　输入连续标注的命令。

Specify a second extension line origin or [Undo/Select] <Select>: 拾取连续标注的第 1 个点，也就是点 "3"。系统显示为第 2 个点，因为默认第 1 个为上一个尺寸标注的第 1 个点，也就是点 "2"。

Dimension text = 1000　尺寸的位置默认与前一个尺寸对齐，所以这里不需要拾取尺寸的位置，而是直接显示出尺寸的值。

Specify a second extension line origin or [Undo/Select] <Select>: 拾取连续标注的第 2 个点，也就是点 "4"。

Dimension text = 1000　显示第 2 个连续标注的尺寸值。

Specify a second extension line origin or [Undo/Select] <Select>: 拾取连续标注

的第 2 个点，也就是点 "5"。

Dimension text = 1000，显示第 3 个连续标注的尺寸值。

……

依次拾取各个连续标注点，效果如图 3.28 所示。

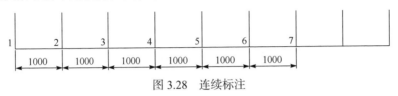

图 3.28 连续标注

由于连续标注需要连续拾取各个尺寸的点，有可能在拾取过程中发现某一个点拾取位置错了，这里不需要取消，重新修改该标注。只需要输入 "u"，也就是 "Undo"，即可回到上一个标注，操作步骤如下。

Command: dco DIMCONTINUE 输入连续标注的命令。

Specify a second extension line origin or [Undo/Select] <Select>: 拾取第 1 个连续标注点。

Dimension text = 1000 显示第 1 个连续标注的尺寸值。

Specify a second extension line origin or [Undo/Select] <Select>: 拾取第 2 个连续标注的点。

Dimension text = 1000 显示第 2 个连续标注的尺寸值。

Specify a second extension line origin or [Undo/Select] <Select>: 拾取第 3 个连续标注的点。

Dimension text = 542 显示第 3 个连续标注的尺寸值。

Specify a second extension line origin or [Undo/Select] <Select>: u 发现第 3 个连续标注的点选错了，输入 "u" 返回上一步。

Specify a second extension line origin or [Undo/Select] <Select>: 重新拾取第 3 个尺寸标注的点。

Dimension text = 1000 显示第 3 个连续标注的尺寸值。

……

这样就可以完成一条线上所有的连续标注。

这种输入 "u" 返回上一步的标注形式，不同于完成标注后返回上一步(按 Ctrl+Z)。输入 "u" 返回的只是上一个标注，是一个命令内的标注；如果发现一个标注错了，按 "Esc" 退出命令，然后返回上一步，前面整个的连续标注命令就全部返回了。例如，利用连续标注已经标了 10 个，第 11 个拾取点错了，在命令执行过程中输入"u"，只是返回第 10 个连续标注，重新标第 11 个连续标注；如果发现第 11 个点拾取错了，按"Esc"退出命令，再按"Ctrl+Z"返回上一步，则前面的 11 个连续标注就全部没有了，需要重新拾取。当标注多的时候，非常容易出错，这时如果采用后一种操作方式，可能会造成多次返工，浪费时间。

3.9 基 准 标 注

基准标注用于精度测量标注，以某位置作为基准，其余构件以此基准进行测量。命令为"dba"，是"DimBaseline"的简写，图标为。

同连续标注一样，基准标注也需要先进行一个线性标注作为基准，然后依次点后面的标注点。典型的基准标注步骤如下。

Command: dli DIMLINEAR 输入线性标注的命令。

Specify first extension line origin or <select object>: 拾取第 1 个点，这个点也是基准标注的基准点，如图 3.29 的"1"点所示。

Specify second extension line origin: 拾取标注的第 2 个点。

Specify dimension line location or [Mtext/Text/Angle/Horizontal/Vertical/Rotated]: 选择尺寸线的位置。

Dimension text = 1000 显示尺寸值。

Command: dba DIMBASELINE 输入基准标注的命令。

Specify a second extension line origin or [Undo/Select] <Select>: 拾取第 1 个基准标注点，选点"3"。

Dimension text = 2000 尺寸线的位置系统自动给出，直接给出尺寸值。也就是"3"点到"1"点的距离。

Specify a second extension line origin or [Undo/Select] <Select>: 拾取第 2 个基准标注点，选点"4"。

Dimension text = 3000 尺寸线的位置系统自动给出，直接给出尺寸值。即"4"点到"1"点的距离。

Specify a second extension line origin or [Undo/Select] <Select>: 拾取第 3 个基准标注点，选点"5"。

Dimension text = 4000 尺寸线的位置由系统自动给出，直接给出尺寸值，即"5"点到"1"点的距离。

Specify a second extension line origin or [Undo/Select] <Select>: 拾取第 4 个基准标注点，选点"6"。

Dimension text = 5000 尺寸线的位置由系统自动给出，直接给出尺寸值，即"6"点到"1"点的距离。

Specify a second extension line origin or [Undo/Select] <Select>: 拾取第 5 个基准标注点，选点"7"。

Dimension text = 6000 尺寸线的位置由系统自动给出，直接给出尺寸值，即"7"点到"1"点的距离。

Specify a second extension line origin or [Undo/Select] <Select>: 拾取第 6 个基准标注点，选点"8"。

Dimension text = 7000 尺寸线的位置由系统自动给出，直接给出尺寸值，即"8"点到"1"点的距离。

Specify a second extension line origin or [Undo/Select] <Select>: 拾取第 7 个基准标注点，选点"9"。

Dimension text = 8000，尺寸线的位置由系统自动给出，直接给出尺寸值，即"9"点到"1"点的距离。

Specify a second extension line origin or [Undo/Select] <Select>: 拾取第 8 个基准标注点，选点"10"。

Dimension text = 9000 尺寸线的位置由系统自动给出，直接给出尺寸值，即"10"点到"1"点的距离。

Specify a second extension line origin or [Undo/Select] <Select>: 拾取第 9 个基准标注点，选点"11"。

Dimension text = 10000 尺寸线的位置由系统自动给出，直接给出尺寸值。也就是"11"点到"1"点的距离。

Specify a second extension line origin or [Undo/Select] <Select>: 利用空格键结束基准标注的命令。

Select base dimension: *Cancel* 利用"Esc"键结束命令。

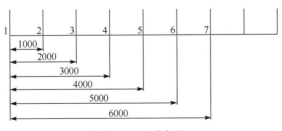

图 3.29　基准标注

同连续标注一样，基准标注同样要一次性进行多个尺寸的标注，在操作过程中出现错误是很正常的，所以也可以采用"Undo"退回到命令中的上一步，操作如下。

　　Command: dli DIMLINEAR 输入线性标注的命令。

　　Specify first extension line origin or <select object>: 拾取标注的基准点。

　　Specify second extension line origin: 拾取第 1 个尺寸点。

　　Specify dimension line location or [Mtext/Text/Angle/Horizontal/Vertical/Rotated]: 拾取尺寸线的位置。

　　Dimension text = 1000 显示尺寸值。

　　Command: dba DIMBASELINE 输入基准标注的命令。

　　Specify a second extension line origin or [Undo/Select] <Select>: 拾取第 1 个基准标注点。

　　Dimension text = 2000 显示离基准点的距离。

　　Specify a second extension line origin or [Undo/Select] <Select>: 拾取第 2 个基准标注点。

　　Dimension text = 3000 显示离基准点的距离。

　　Specify a second extension line origin or [Undo/Select] <Select>: 拾取第 3 个基准标注点。

　　Dimension text = 3478 显示离基准点的距离。

　　Specify a second extension line origin or [Undo/Select] <Select>: u 发现前面的基准点选错了，输入"u"退一步，回到拾取第 3 个基准标注点的操作。

　　Specify a second extension line origin or [Undo/Select] <Select>: 拾取第 3 个基准标注点。

　　Dimension text = 4000 显示离基准点的距离。

　　……

　　从图 3.29 来看，基准标注所有的标注都是从基准点开始的，并且相邻的标注间的距离都相等，都是系统给出的。这个距离就是在 3.1 节标注设置里提到的。再来介绍这个数值的设置。

　　输入命令"d"，调出尺寸标注管理器，如图 3.30 所示。

　　在尺寸标注管理器中，找到需要的标注样式，先单击右侧的"Set Current"，会弹出警告对话框。不需要考虑警告的内容，直接单击"OK"继续即可，会回到图 3.30 所示的尺寸标注管理器中，单击右侧的"Modify"进行修改，系统会弹出图 3.31 所示的标注修改对话框，在标注修改对话框中，找到"Lines"选项卡并点开它，如图 3.32 所示。在"Lines"选项卡的左侧中部，会看到"Baseline spacing"。这个间距就是在基准标注时相邻基准标注间的距离，一般取文字高度的 2 倍。当然，显示的值与实际标注的距离是全局标注比例的倍数关系。

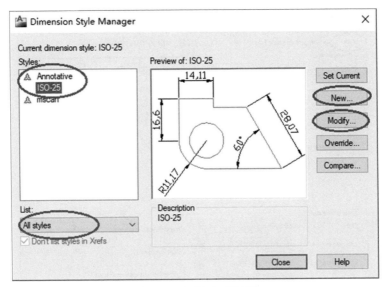

图 3.30　尺寸标注管理器

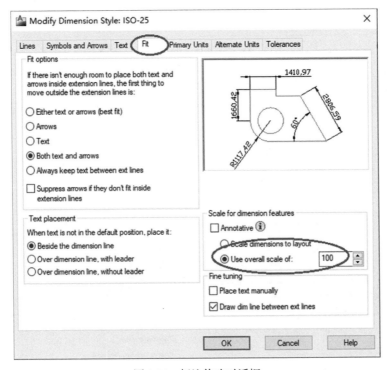

图 3.31　标注修改对话框

再来回顾一下全局标注比例，它在标注修改对话框的"Fit"选项卡中，如图 3.33 所示。

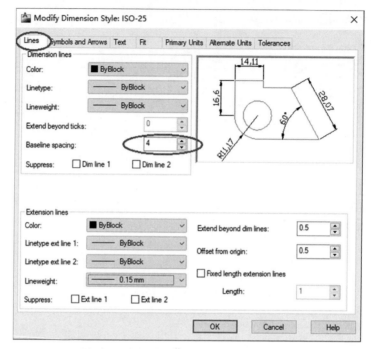

图 3.32　标注修改对话框 "Lines" 选项卡

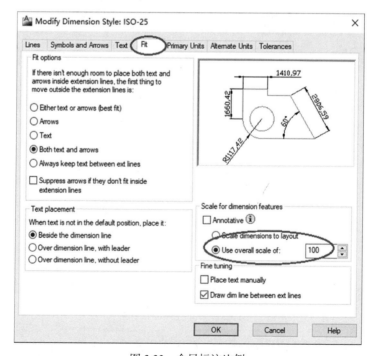

图 3.33　全局标注比例

3.10　引　出　标　注

引出标注的命令为"le"，是"Leader"的前两个字母。引出标注的默认设置需要进行改变才符合标注习惯。下面来看一下引出标注的设置。

Command: le QLEADER　利用"le"命令调用引出标注。

Specify first leader point, or [Settings] <Settings>: s　输入设置的命令"s"。

弹出图 3.34 所示的对话框。在"Annotation"里，即注释文本设置里，注释类型一般情况下按默认的多行文本即可。

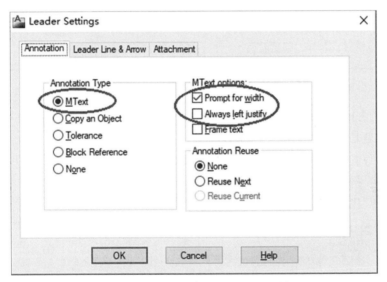

图 3.34　引出标注设置"Annotation"设置

在右上角有多行文本的操作，可以选上"Always left justfy"。

在"Leader Line & Arrow"里可以设置箭头的形式和引出线。如图 3.35 所示，引出线选默认的直线即可，也就是"Leader Line"里选择"Straight"。

箭头默认为实线箭头，也可以改成实心或空心的圆点。

在引出线角度设置里，需要把第二条线改成 90°，也就是文本下方的下划线设置成水平或垂向。如图 3.35 右下角所示，在"Angle Constraints"设置里，其中第一项"First Segment"为从拾取的第一点到第二点的线段，取默认的"Any angle"，即任意角度。第二项"Second Segment"为从第二点到文字开始点之间的直线，拾取时这一段尽可能短，应取 90°。

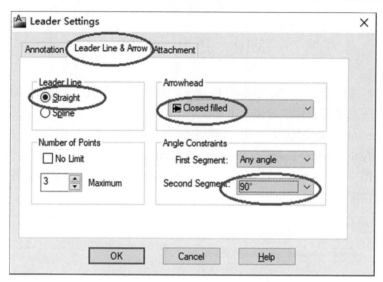

图 3.35 引出标注设置 "Leader Line & Arrow" 设置

如图 3.36 所示，在"Attachment"设置里，选最后一项"Underline bottom line"，也就是在文字下方画下划线。

Specify first leader point, or [Settings] <Settings>: 拾取第 1 个点，也就是箭头的起点。

Specify next point: 拾取第 2 个点，是第一段线的终点。

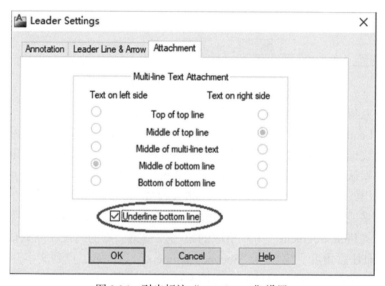

图 3.36 引出标注 "Attachment" 设置

Specify next point: 拾取第 3 个点，也就是文字开始的起点，所以这个点应离第 2 个点尽可能近。

Enter first line of annotation text <Mtext>: 输入文字，按回车键确认，弹出多行文字输入的对话框。因为是输入文字，所以这里空格键不能代替回车键。

注意：如果需要输入英文，可以不用回车，直接输入英文，如果需要输入中文，就需要利用回车，调出多行文字对话框来输入中文，输入文字后确认即可。

典型的引出标注形式如图 3.37 所示。

引出标注完成后，如果移动标注上的文字，其中标注的第一段不会变，最后一段由于是多行文字的下划线，所以会跟着多行文字动。那么，第二段就成了连接第一段终点和第三段起点的线段。图 3.38 为移动引出标注上面文字后的效果。

图 3.37 引出标注实例

图 3.38 移动引出标注的文字效果

有时候只想用引出线，不输入文字。想要的效果如图 3.39 所示，就可以在需要输入文字时直接按"Esc"取消，步骤如下。

图 3.39 只画引出线

Command: le QLEADER 输入引出标注的命令。

Specify first leader point, or [Settings] <Settings>: 拾取起点。

Specify next point: 拾取第 2 个点，确认第一段线。

Specify next point: 拾取第 3 个点，确认第二段水平线。

Enter first line of annotation text <Mtext>: *Cancel* 按"Esc"键结束引出标注的命令。

从上面的操作可以看出，除了需要只画引出线，第二段线没有什么作用。因此，就可以在图 3.35 所示左下角的设置里，把默认的引出点选择点设置成 2 个点，操作如下。

Command: le QLEADER 输入引出标注的命令。

Specify first leader point, or [Settings] <Settings>: s 输入设置的命令"s"。

把引出标注点改为"2"。

Specify first leader point, or [Settings] <Settings>: 拾取第 1 个点。

Specify next point: 拾取第 2 个点。

Enter first line of annotation text <Mtext>: 按回车键输入多行文本。

确认多行文本后的效果如图 3.40 所示。

有时候会需要从其他地方先进行复制再修改，最后进行引出标注。如图 3.41 所示。此时可以采用图 3.39 所示的只画引出线，也可以采用其余的方式，操作步骤如下。

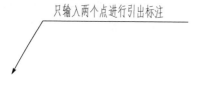

图 3.40　利用 2 个点进行引出标注　　　　图 3.41　先有文本再进行引出标注

Command: le QLEADER　输入引出标注的命令。

Specify first leader point, or [Settings] <Settings>: s　输入设置的命令"s"。

设置如图 3.42 所示，在"Annotation"里选择"Copy an Object"。

Specify first leader point, or [Settings] <Settings>: 拾取第 1 个点。

Specify next point: 拾取第 2 个点。

Select an object to copy: 拾取需要复制的文本。

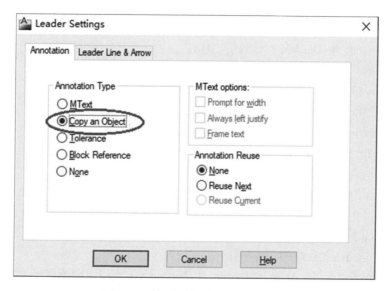

图 3.42　利用复制文本进行引出标注

Command: QLEADER 利用空格键重复上一个命令。

Specify first leader point, or [Settings] <Settings>: 拾取第 1 个点。

Specify next point: 拾取第 2 个点。

Select an object to copy: 拾取需要复制的文本。

引出标注的效果如图 3.43 所示。

图 3.43　利用复制文本进行引出标注的效果

从图 3.43 所示效果来看，这种利用复制文字的形式进行引出标注，还可以直接复制引出标注线的文本。例如，在编制零件号时，后续的零件号与前面的零件号只差一个编号，就可以利用这种方式进行引出标注。

Command: le QLEADER 利用命令调用引出标注。

Specify first leader point, or [Settings] <Settings>: s 输入引出标注的设置命令，设置成图 3.42 所示的"Copy an Object"。

Specify first leader point, or [Settings] <Settings>: 拾取第 1 个点。

Specify next point: 拾取第 2 个点。

Select an object to copy: 选择要复制的文本。

完成引出标注，此时在命令行按下空格键重复上面的引出标注命令。

Command: QLEADER 输入空格键默认重复上一个命令。

Specify first leader point, or [Settings] <Settings>: 拾取第 1 个点。

Specify next point: 拾取第 2 个点。

Select an object to copy: 选择要复制的文本。

Command: QLEADER 利用空格键重复上一个命令。

Specify first leader point, or [Settings] <Settings>: 拾取第 1 个点。

Specify next point: 拾取第 2 个点。

Select an object to copy: 选择要复制的文本。

……

利用上述过程可作出如图 3.44 所示的多个相同的引出标注，然后再逐个修改内容。

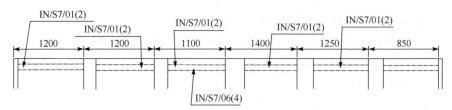

图 3.44　利用复制进行引出标注

　　除了上面的方法，还可以利用引出标注重复上一个文本的命令来作出多个相同的引出标注。同样可以达到图 3.44 所示的效果，步骤如下。

Command: le QLEADER　输入引出标注的命令。

Specify first leader point, or [Settings] <Settings>: s　输入引出标注设置的命令，并进行图 3.45 所示的设置。在 "Annotation" 设置里，找到 "Annotation Reuse" 并选中最下面的选项 "Reuse Current"。

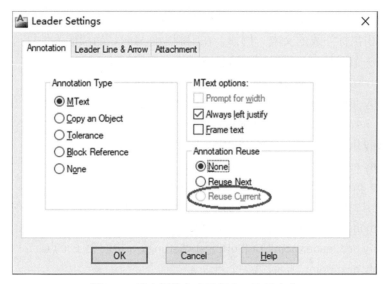

图 3.45　引出标注文本重复上一次的文本

Specify first leader point, or [Settings] <Settings>: 选择第 1 个点。

Specify next point: 选择第 2 个点。

Enter first line of annotation text <Mtext>: IN/S7/01(2) 输入引出标注的文本。

Enter next line of annotation text: 利用回车键结束引出标注的命令。

Command: QLEADER　利用空格键重复上一个命令。

Specify first leader point, or [Settings] <Settings>: 选择第 1 个点。

Specify next point: 选择第 2 个点。

此时，因为设置了重复上一个文本，所以不需要再进行文本输入，而是自动重复上一次输入的文本。

Command: QLEADER，利用空格键重复上一个命令。

Specify first leader point, or [Settings] <Settings>: 选择第 1 个点。

Specify next point: 选择第 2 个点。

……

依次进行引出标注，即可标注出如图 3.44 所示的效果。

在进行系统原理图的绘制时，有时需要对带属性的块添加引出线，如图 3.46 所示，其中的文本全部为块属性，引出的内容为一个块。

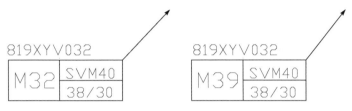

图 3.46　引出带属性块

具体的操作步骤如下。

Command:le QLEADER　输入引出标注的命令。

Specify first leader point, or [Settings] <Settings>: s　输入引出标注的设置命令。

按图 3.47 进行设置，选择"Block Reference"。

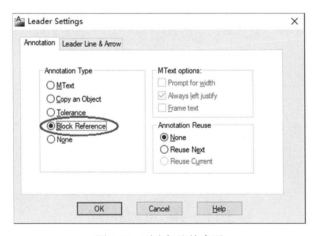

图 3.47　引出标注块参照

Specify first leader point, or [Settings] <Settings>: 拾取第 1 个点。

Specify next point: 拾取第 2 个点。

Enter block name or [?] <text_leader>: 输入块的名称，如果为默认的块且名称为当前需要的名称，则直接按回车键即可。

Units: Millimeters Conversion: 1.0000 系统显示当前的单位为 mm，比例为 1。

Specify insertion point or [Basepoint/Scale/X/Y/Z/Rotate]: 拾取块的插入点，取引出线的第 2 个点。

Enter X scale factor, specify opposite corner, or [Corner/XYZ] <1>: 输入 X 方向的比例因子，默认为 "1"，直接按空格键确认。

Enter Y scale factor <use X scale factor>: 输入 Y 方向的比例因子，同 X 方向的比例因子，则直接按空格键确认。

Specify rotation angle <0>: 输入旋转角度，默认为 "0"。

Enter attribute values 以下为输入各块属性的值。

Top Text <819XYV032>: 第 1 个块属性的值，根据提示输入，如果是默认值则直接按空格键确认。

Right bottom <38/30>: 根据提示输入块属性的值，如果是默认值则直接按空格键确认。

Right top <SVM40>: 根据提示输入块属性的值，如果是默认值则直接按空格键确认。

left big <M39>: 根据提示输入块属性的值，如果是默认值则直接按空格键确认。

确认后输出的效果如图 3.48 所示，其中插入点为块制作时的"插入点"，从图中可以看出，若插入点在右侧，则引出线应向左拉伸；若插入点在左侧，则引出线向右拉伸。

图 3.48　引出标注块参照效果

3.11　角 度 标 注

角度标注的命令为 "dan"，是 "DimAngular" 的简写。角度标注的图标为 ◿。

角度标注的文本永远都是水平的，这与线性标注平行于尺寸线不同。而在

AutoCAD 的设置里，如果选择了了文本水平，则所有的文本都会水平，如果选择了平行于尺寸线，则所有的标注都会平行于尺寸线。因此，就需要对角度标注进行单独设置。

在 3.1 节标注设置中已经介绍了如何单独对角度标注进行设置(图 3.14 和图 3.15)，这里再回顾一下。

输入命令"d"，也就是命令"Dimstyle"的首字母，"Dimstyle"是"Dimension style manager"的简写，调出尺寸标注样式管理器。

选出当前需要应用的标注样式。单击右侧的"New"，调出创建新的标注模式对话框，如图 3.49 所示。在对话框中，"New Style Name"无须填写，在"Use for"里选择"Angular dimensions"，然后，单击右侧的"Continue"继续。

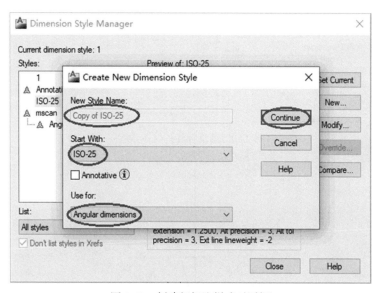

图 3.49　创建新标注样式对话框

确认后弹出尺寸标注样式管理器，如图 3.50 所示，找到"Text"选项卡，在右侧选择"Horizontal"。选中以后，会在右侧上方的预览图中看到角度标注的文字字头朝上。

角度标注设置完成以后，标注的角度如图 3.51 所示。

和线性标注一样，角度标注也有精度的问题，可以设置成度、分、秒的形式，也可以设置成小数的形式，角度标注的精度设置如图 3.52 所示。在标注样式管理器中找到角度标注，然后进行修改。在标注样式管理器中找到"Primary Units"，在右下角可以看到精度的设置，如果精度设置里需要度以下的单位，则

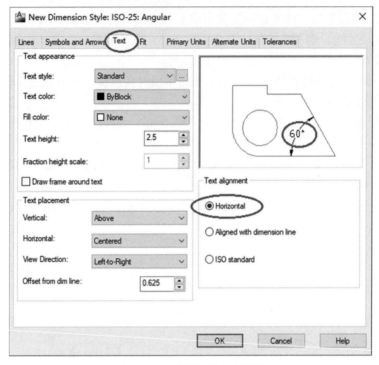

图 3.50　角度标注的文本设置

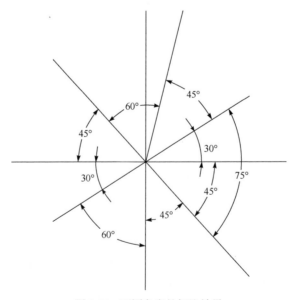

图 3.51　不同角度的标注效果

把"Trailing"选上,可以去掉小数点后面的"0"。不同精度设置条件下的角度标注样式如图 3.53 所示。

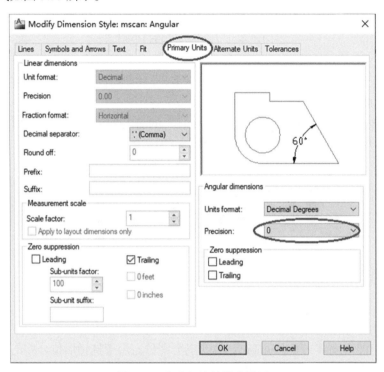

图 3.52 角度标注的精度设置

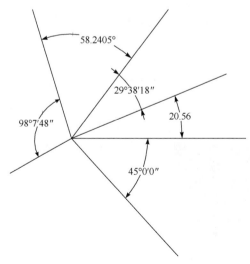

图 3.53 不同形式的角度标注

从图 3.53 可以看出，仅限于小数点以后的值会去掉标注时尾部的"0"。因此，选择度分秒形式时，仍然会有 0 分和 0 秒的显示。

3.12　形位公差标注

形位公差在船舶与海洋工程中应用不多，但仍然有一些机加工的零部件需要自制，因此了解一下形位公差的标注也十分必要。

形位公差的命令为"tol"，为"Tolerance"的前三个字母，图标为 ⊕。

输入形位公差命令后，会弹出如图 3.54 所示的对话框。

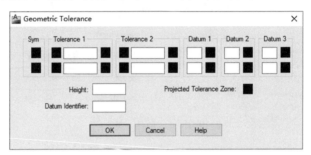

图 3.54　形位公差对话框

在图中"Sym"为"Symbol"的前三个字母，用于选择形位公差的形式，也就是要选同轴度、平行度、圆度、跳动、垂直度、直线度等形式。点下面的黑色空格会弹出这些形位公差的符号，如图 3.55 所示。具体每一种符号的意义，请参考教材《公差配合与测量技术》、《互换性与测量技术基础》或《公差与配合》(GB 18000—18004)。

选择形位公差以后，就可以在"Tolerance 1"中输入公差的数值，其中它前面的黑色框里是圆的符号"∅"，如果是非圆，就默认黑色，后面的白色空白里填写数值。在"Tolerance 1"后面的黑色框里是公差原则，其中 Ⓜ 表示最大实体原则，Ⓛ 为最小实体原则，Ⓢ 为独立原则，但独立原则通常不标。包容原则 Ⓔ 和可逆原则 Ⓡ 软件中没有。最后面的"Datum"为相对的基准。

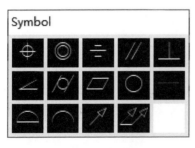

图 3.55　形位公差的符号列表

典型的标注如图 3.56 所示，图 3.56(a) 为标注设置，图 3.56(b) 为标注效果。

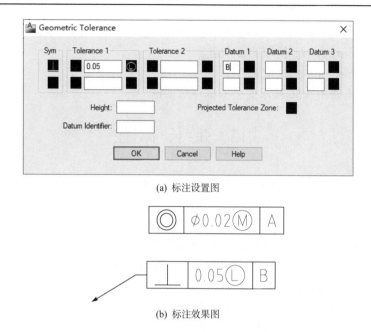

(a) 标注设置图

(b) 标注效果图

图 3.56　形位公差标注设置图和标注效果图

　　如图 3.56 所示，形位公差经常需要利用引出标注。因此，可以直接用引出标注进行标注，操作步骤如下。

Command: le QLEADE 输入引出标注的命令。

Specify first leader point, or [Settings] <Settings>: s 输入引出标注的设置命令。

调出如图 3.57 所示的对话框。在"Annotation"中选择"Tolerance"。

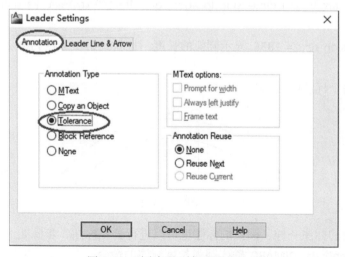

图 3.57　引出标注时标注形位公差

Specify first leader point, or [Settings] <Settings>: 拾取第 1 个点。

Specify next point: 拾取第 2 个点。

Specify next point: 拾取第 3 个点。

之后弹出如图 3.56 所示的公差标注对话框。

3.13　弧长标注

弧长标注的命令为"dar"，是"Dimarc"的简写，图标为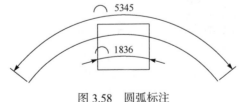。典型的圆弧标注步骤如下。

Command: dar DIMARC 输入圆弧标注的命令"dar"。

Select arc or polyline arc segment: 选择需要标注的圆弧。

Specify arc length dimension location, or [Mtext/Text/Angle/Partial /Leader]: 选择圆弧标注的尺寸线位置。

Dimension text = 5345 系统显示弧长。

也可以进行圆弧的部分标注，步骤如下。

Command: DIMARC 利用空格键重复上一个命令。

Select arc or polyline arc segment: 选择圆弧。

Specify arc length dimension location, or [Mtext/Text/Angle/Partial/Leader]: p 输入部分圆弧长度标注的命令"p"。

Specify first point for arc length dimension: 拾取圆弧上第 1 个点。

Specify second point for arc length dimension: 拾取圆弧上第 2 个点。

Specify arc length dimension location, or [Mtext/Text/Angle/Partial]: 选择尺寸线的位置。

Dimension text = 1836 显示圆弧的长度，也就是第 1 个点和第 2 个点之间的圆弧长度。

以上两个标注的效果如图 3.58 所示。

图 3.58　圆弧标注

和其余的标注一样，圆弧的标注也可以进行公差标注，步骤如下。

Command: dar DIMARC 输入圆弧长度标注的命令。

Select arc or polyline arc segment: 拾取圆弧。

Specify arc length dimension location, or [Mtext/Text/Angle/Partial]: m 输入多行文字编辑的命令。

　　如图 3.59 所示，在尺寸值后面输入公差"+0.2^–0.1"，然后选中上下标的图标。

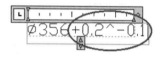

图 3.59　多行文本编辑公差

Specify arc length dimension location, or [Mtext/Text/Angle/Partial]: 拾取圆弧尺寸线所在的位置。

Dimension text = 1258　显示尺寸值。

　　带公差的圆弧长度标注如图 3.60 所示。

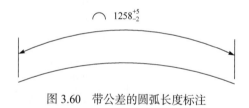

图 3.60　带公差的圆弧长度标注

3.14　圆　心　标　注

　　圆心标注在船舶与海洋工程中使用较少。命令为"dce"，是"DimCenter"的简写，图标为 ⊕ 。

　　典型的标注过程如下。

Command: dce DIMCENTER 输入圆心标注的命令"dce"。

Select arc or circle: 选择圆或圆弧。

　　圆心标注的效果如图 3.61 所示。

　　圆心标注的尺寸大小同其他标注一样，也是在标注样式管理器中进行设置。如图 3.62 所示，在"Symbols

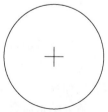

图 3.61　圆心标记结果

and Arrows"里找到"Center marks",中间的选项"Mark"可以设置圆心标记的大小。如果选择了"None",则在进行圆心标记时会报错,内容如下:

Command: dce DIMCENTER DIMCEN = 0.0, not drawing center cross. *Invalid*

输入圆心标记的命令"dce",由于设置了没有圆心标记,会提示标记尺寸为0,无法进行标记。

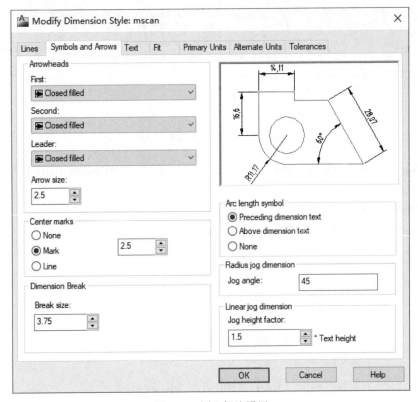

图 3.62　圆心标注设置

3.15　标　注　编　辑

标注以后难免需要对数据、位置进行调整,所以进行标注的编辑十分必要。

标注的文字编辑命令为"ed",是"DDEDIT"的简写。它不仅是尺寸标注编辑的命令,也是文字编辑的命令。

输入编辑命令"ed"后,选择需要修改的尺寸标注,就会弹出多行文本编辑的对话框。步骤如下:

Command: ed DDEDIT 输入文本编辑的命令"ed"。

Select an annotation object or [Undo]: 选择需要修改的文本，弹出图 3.63 所示的对话框。

Select an annotation object or [Undo]: 按空格键结束命令。

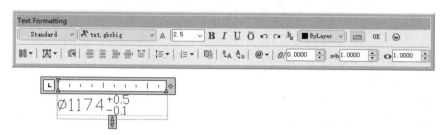

图 3.63 尺寸标注的文本编辑

文本及尺寸线编辑位置，命令为"dimted"或"DIMTEDIT"，图标为 。选中以后可以对文本及尺寸线的位置进行编辑。

当然，也可以直接选中尺寸标注后，利用尺寸线上点的拖动来改变位置。如图 3.64 所示，如果拖尺寸线两端的点，可以修改尺寸线的位置；如果选中尺寸线的中点，则可以修改文本的位置；如果选中尺寸界线的起点，则可以修改尺寸的起始点，也就是直接修改尺寸的数值。

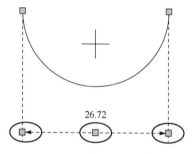

图 3.64 尺寸标注位置修改

除了以上两种，还有一些其他的尺寸标注的编辑命令，因为可以通过上述方法直接或间接达到目的，所以不再赘述。下面介绍一种标注编辑的命令，主要用于一些尺寸被人为修改的标注。

有时候，有些尺寸由于绘图偏差，被人为修改了数值。当图形修改后，由于尺寸还是原来的数据，所以尺寸不会变，需要重新标注。如图 3.65 所示，前面的图形尺寸被人为修改了数值，当图形被拉长后，因为尺寸被人为修改，所以无法改变。

这种尺寸就需要利用标注编辑的命令"dimedit"进行修改，图标为 。步骤如下。

Command: dimedit 输入标注编辑的命令。

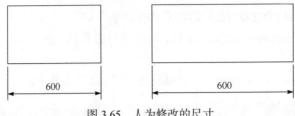

图 3.65　人为修改的尺寸

Enter type of dimension editing [Home/New/Rotate/Oblique] <Home>: n　输入"n"，使尺寸更新。

Select objects: 1 found　拾取 1 个尺寸标注。

Select objects: Specify opposite corner: 1 found, 2 total　继续拾取尺寸标注。

Select objects: 利用空格键确认命令。

进行标注编辑后的效果如图 3.66 所示，与把原来的尺寸删除后重新编辑的效果一样。

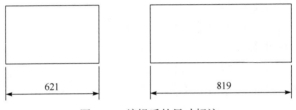

图 3.66　编辑后的尺寸标注

3.16　标注模板设置

标注的模板是根据企业的标准进行设置的，包括标注的字体大小、字体颜色、尺寸线与尺寸界线的颜色、字体样式等。下面对模板的主要设置进行介绍。

3.16.1　基本线型

制定标准图纸的线型要求，包括线型、线宽、颜色和要求。如图 3.67 所示，给出表格，包括用到的基本线型及要求，表格中包括"图层名称、颜色、线型实例、线型名称、打印线宽、应用范围"等。

3.16.2　绘图实例

通过基本的实例进行绘图的标准化。不同的专业可以绘制不同的模板，从而通过模板约定绘图的基本要求。图 3.68 为基本结构图的一个绘图实例。

	A	B	C	D	E
1	简化线型类9种				
2	Bhd(s)-h	白色/黑色	continuous	0.4000	可见舱壁,甲板简化线
3	Bhd(h)-h	白色/黑色	HIDDENH	0.4000	不可见舱壁,甲板简化线
4	Wt-h	白色/黑色	HIDDEN2	0.4000	不可见水密舱壁,轨道线
5	Girder(s)-h	青色	CENTERH	0.4000	可见主要构件简化线
6	Girder(h)-h	青色	PHANTOMH	0.4000	不可见主要构件简化线
7	Stiffen(s)-h	绿色	CENTERH	0.1500	可见次要构件简化线
8	Stiffen(h)-h	绿色	HIDDENH	0.1500	不可见次要构件简化线
9	Bkt(s)-h	黄色	CENTER2H	0.1500	可见肘板简化线
10	Bkt(h)-h	黄色	HIDDEN2	0.1500	不可见肘板简化线
11	修订云线				
12	Rev-h-1,2,3	红色	continuous	0.1500	修订云线

图 3.67 各项线型要求

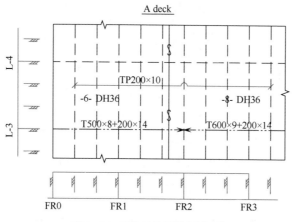

图 3.68 基本结构图绘图实例

3.16.3 绘图符号及说明

绘图中经常用到各种符号,如果每次都重新绘制会浪费很多时间;从其余的图中查找同样也会浪费时间。因此,可以把常用的符号都放在模板中,需要时直接从模板中复制,这样可以节约绘图时间,提高绘图效率。图 3.69 为典型的结构图需要的各种符号。

通常一个公司的图框除幅面和项目信息之外,其余信息变更的频率是比较低的。因此,可以按图纸幅面、项目制成不同的图框。图框中的名称(有的还分为中英文)、图纸编号、比例、版本号、页数和页码对于每一份图都不一样,所以这些内容应做成块属性,其余的部分做成块。块与块属性的制作请参考 1.9 节

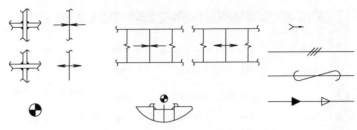

图 3.69　结构图模板中的绘图符号

"块和块属性"。图 3.70 是图框中需要做成块属性的内容。

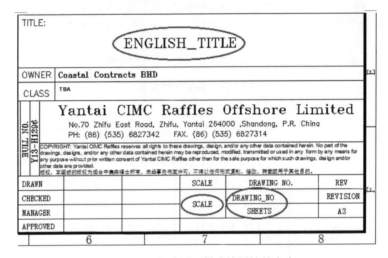

图 3.70　图框中需要做成块属性的内容

3.16.4　标注样式

　　把标注样式按企业的要求进行设置，不同的比例只需要修改全局标注比例。具体的设置请参考 3.1 节的"标注设置"。图 3.71 所示为典型的标注设置，在全局标注比例中设置成比例的倒数，角度标注设置成水平。若需要修改，只需要修改对应的全局标注比例。

3.16.5　另存成模板文件

　　把前面做好的文件另存为模板文件，如图 3.72 所示，选择"dwt"格式的模板文件。

　　选中模板文件后，路径会自动跳转，如图 3.73 所示。此时只需要输入文件名称，不要修改路径。如果修改了路径，下次新建文件就不能直接利用模板文件了，还需要按照保存模板的路径进行查找。

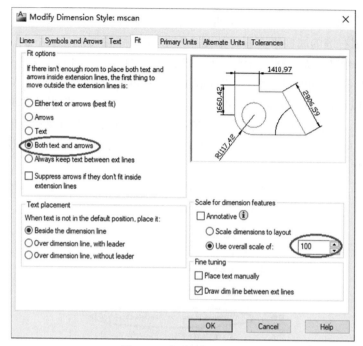

图 3.71 典型的标注设置

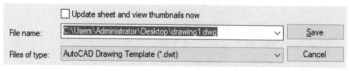

图 3.72 另存为模板文件

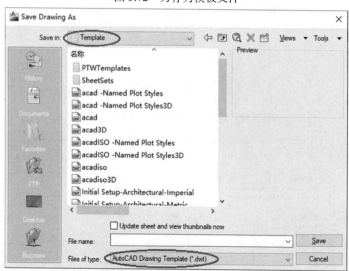

图 3.73 模板文件的路径

可以利用操作系统自带的功能来查看模板文件的路径，选中任意一个模板文件，利用右键的属性来查看，如图 3.74 所示，路径可能显示不全；也可以选中当前的一个文件夹，利用右键打开，如图 3.75 所示，打开这个文件夹，如果是 Windows 7 系统，单击上一级的 "Template" 直接返回上一级，如果是 Windows XP 系统，可以返回上一级路径；另外，还可以通过 "Options" 的操作来查看，如图 3.76 所示。找到 "Files" 选项卡，依次点开 "Template Settings" 和 "Drawing Template File Location"，就可以看到模板文件所在的路径了。当然，这个路径可以人为修改。

图 3.74　通过属性查看模板文件的路径

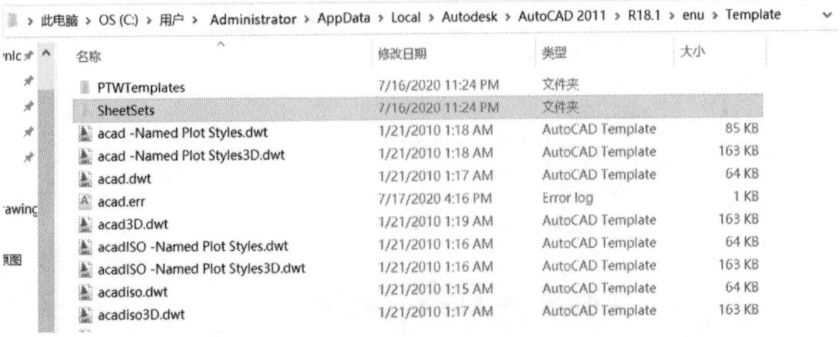

图 3.75　通过打开文件夹查看模板文件的路径

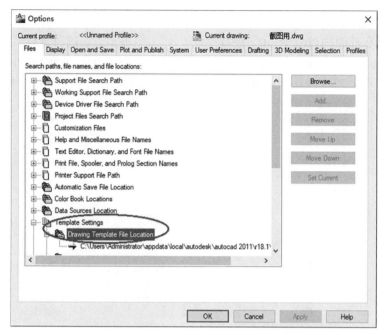

图 3.76 通过"Options"设置来查看模板文件的路径

3.17 文本查找与替换

文本查找与替换的命令为"Find"。输入命令后会弹出图 3.77 所示的对话框。在左上方为需要查找的内容(Find what),左下方为需要替换的内容(Replace with),右侧可以选择查找范围为当前选择的内容(Current space/Layout)或整个图形(Entire drawing)。

图 3.77 查找替换对话框

AutoCAD 和 Office 软件一样,也可以使用通配符。使用前需要选上"Use wildcards"。但是,在 AutoCAD 中替换整个单词并不适用,即"Find whole words only"选项和 Office 软件中的定义不同。图 3.78 是查找与替换的选项卡,把"Find whole words only"选上，对图 3.79 所示的文字进行替换，理论上结果应该是只有外面的 16 个"0"被替换成"A"，但事实上，进行替换后的结果却是如图 3.80 所示，有一部分被特殊符号隔开的文字被认为是不同的单词，如"."、" "、"/"等，都会被认为是单词的分隔符号，所以这个选项用的概率很低。

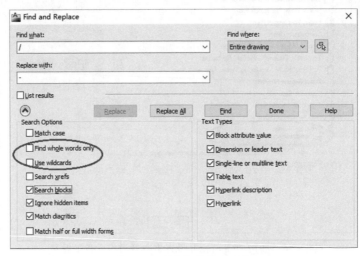

图 3.78　查找与替换选项卡

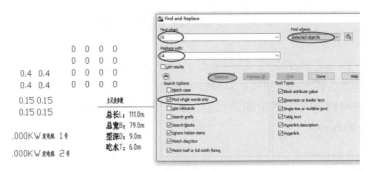

图 3.79　查找与替换整个单词

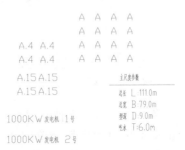

图 3.80　替换的结果

　　但是，如果要替换图框中的版本号，逐一替换比较困难，就需要进行更多的限制，如图 3.81 所示。把尺寸标注中的文字、引出标注中的文字、单行文字和多行文字全部去掉，只保留块属性一项，就可以实现仅替换版本号。但这种方法要求图框必须采用块制作，并且版本号必须是块属性。

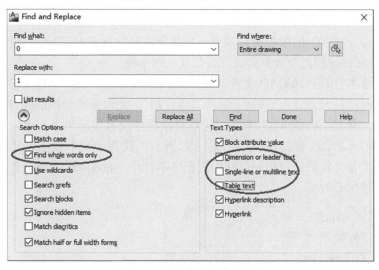

图 3.81　通过替换更换版本号

第4章 AutoCAD 高级操作

查看 AutoCAD 的版本可以知道，用低版本的 AutoCAD 不能打开高版本的 AutoCAD 文件。如何查看拿到的文件是什么版本呢？

用记事本打开 AutoCAD 文件，如图 4.1 所示，找到 AutoCAD 文件，利用鼠标右键选择"打开方式"，找到"选择其他应用"。此时系统会弹出图 4.2 所示的对话框。如果是 Windows 7 系统，可能有些程序没有显示出来，单击"更多应用"，就可以显示所有的程序，如图 4.3 所示，找到记事本程序，然后单击确定。因为不是文件默认的程序，所以用记事本打开 AutoCAD 文件会比较慢，不要着急，请耐心等待。

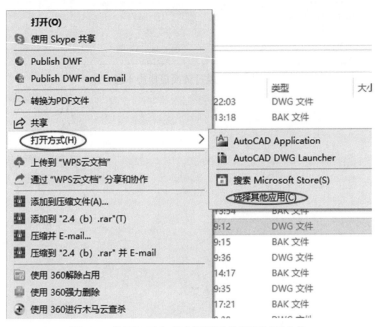

图 4.1 利用打开方式选择需要的程序打开文件

用记事本打开的 AuotCAD 文件开头应该为"AC1012"、"AC1015"、"AC1018"、"AC1021"、"AC1024"、"AC1027"等，这些信息就是表示 AuoCAD 的版本号。其中"AC1012"表示 AutoCAD 的 R14、R15 等版本的文件。而"AC1015"为 AutoCAD 2000、AutoCAD 2001、AutoCAD 2002 的文件；

图 4.2　其他应用对话框　　　　　　图 4.3　用记事本打开文件

"AC1018" 为 AutoCAD 2004、AutoCAD 2005、AutoCAD 2006 的文件；
"AC1021" 为 AutoCAD 2007、AutoCAD 2008、AutoCAD 2009 的文件；
"AC1024" 为 AutoCAD 2010、AutoCAD 2011、AutoCAD 2012 的文件；
"AC1027"为 AutoCAD 2013、AutoCAD 2014、AutoCAD 2015 的文件。可以发现，AutoCAD 每 3 年会有一个比较大的版本变化，3 年内的版本变化很小，所以其中的 3 个不同版本的 AutoCAD 文件一样。因此，用记事本打开的文件开头也是以"3"递增的。

如果用记事本打开以后，不是以"AC10"开头，而是以其他的字符开头，一种可能是文件损坏了，另一种可能是文件被防火墙加密了。

知道了文件的版本号，如果电脑上安装的 AutoCAD 版本比较低还是不能打开怎么办呢？当然有解决方案，不然查看版本号也就没有意义。在网上搜索"AutoCAD 版本转换器 免安装"，就可以找到很多 AutoCAD 版本转换程序，并且这种程序很小，很多也不需要管理员权限。典型的几款转换文件如下。

"Acme CAD Converter"，免安装，界面如图 4.4 所示。有打开和另存为的工具条。

单击"另存为"，就可以看到图 4.5 所示的对话框，可以另存成多个版本，包括当前的最高版本。如果选择存为较低的版本，就可以利用计算机上当前安装的低版本 AutoCAD 打开高版本的文件了。

图 4.4　CAD 版本转换器界面

图 4.5　另存对话框

4.1　快速查找功能

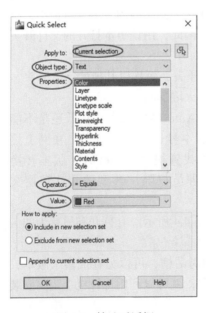

图 4.6　筛选对话框

在 Excel 中有筛选的功能，AutoCAD 中也有筛选的功能。在菜单中找到"Tools\Quick Select"，就可以出现图 4.6 所示的筛选对话框。图 4.6 所示的"Apply to"的对象可以是构造新选择集，也可以是当前选择集，还可以是所有图形；"Object type"指直线、圆、圆弧、多义线、样条曲线、点、单行文本、多行文本、引出标注、线性标注、圆标注等所有的类型；"Properties"指当前图形的特性，包括线型、层、颜色、长度、宽度、坐标值、线宽、线型比例、高度等特性；"Operator"选项是运算方式，包括选择所有、大于、等于、小于、不等于等运算方式；"Value"指值。

筛选文字示例如图 4.7 所示，有众多文字时如何才能不重复、不遗漏地统计出所有

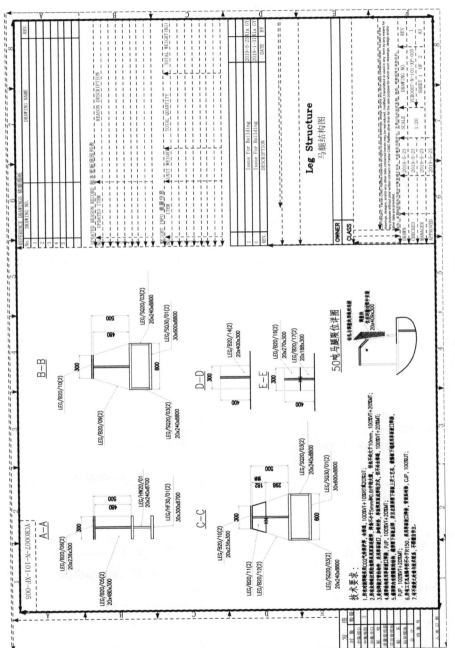

图4.7　典型的施工图图纸编号

图 4.8　快速选择命令的方法

零件编号？

　　因为 AutoCAD 的文本统计功能不如 Excel，故难以在 AutoCAD 中直接进行文本的处理，可以把这些文本导入 Excel 中再进行处理。

　　可以利用 AutoCAD 快速选择的功能，把所有的文本一起选中，导入 AutoCAD 中再进行处理，具体操作如下。

　　首先框选出所需要的图形范围，然后用右键找到"Quick Select"，如图 4.8 所示，或者下拉菜单"Tools\Quick Select"。

　　如图 4.9 所示，在弹出的快速选择对话框中，"Object type"一项中选中"Text"，如图 4.9(a)所示，然后在下面的"Operator"选项中，点开右侧的下拉箭头，找到"Select All"，如图 4.9(b)所示，把所有的文本选中。

　　值得注意的是，如果能够明确文本的其他信息，如文本高度，可以进一步缩小选中的范围。在"Properties"选项中找到"Height"，如图 4.10 所示。在"Operator"中选中"Great than"或"Less than"。在"Value"里，输入文本的高度值。

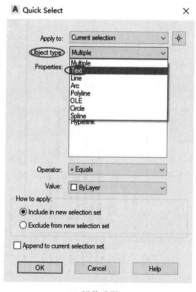

(a) 操作步骤一

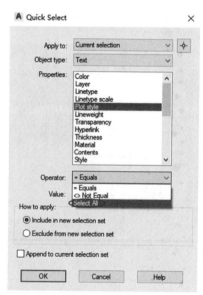

(b) 操作步骤二

图 4.9　快速选择对话框操作步骤

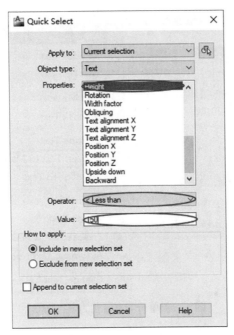

图 4.10 按文本高度进行选择

选中文本以后，复制一份到一边，如图 4.11 所示，可以看到，所复制的全部为文本。

图 4.11 选中的文本

图 4.11 所示的文本还是杂乱无章的，显然还不能进行处理。因此，需要将这些文本输出到 Excel 中进行处理。

如图 4.12 所示，选择下拉菜单中的 "Express\Text\Convert Text to Mtext"，把单行文本转化为多行文本。

转化为多行文本以后，双击或者采用命令 "ed"，即 "Edit"，进入多行文本编辑对话框，如图 4.13 所示。用 "Ctrl+A" 选中多行文本中的所有文本，然后用 "Ctrl+C" 将其复制到剪切板中。

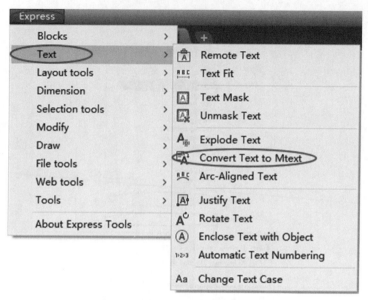

图 4.12　单行文本转化为多行文本

下一步打开 Excel 表格，把剪切板上的文本粘贴到 Excel 中，如图 4.14 所示。

图 4.13　多行文本编辑器

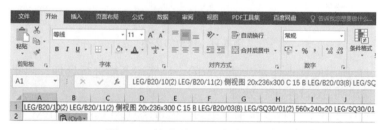

图 4.14　粘贴到 Excel 表中的文本

此时，文本全部在一个单元格中，需要进行处理。

利用分列功能，把文本分开成多个，步骤如下。

如图 4.15 所示，数据\分列，选择分割符号，单击下一步。

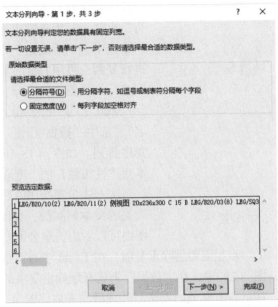

图 4.15　分列对话框

在分割符号分列对话框中，找到空格，然后直接单击完成，如图 4.16 所示。

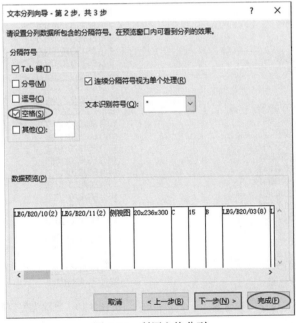

图 4.16　利用空格分列

图 4.17　文本的转置

利用上面的步骤可以把所有的文本分割成一行多列，下一步需要转化为一列多行，也就是利用转置功能。

选中分列后的这一行，按"Ctrl+C"进行复制，再用右键的转置，把它变成一列多行，如图 4.17 所示。

删除上面一行多列，并且输入"零件名"。选中"数据-筛选"对其进行升序或降序排列。如图 4.18 所示，排序后的文本规律性很强，便于删除多余的文本。

按上述步骤操作以后，先把与零件名无关的文本删除掉，如图 4.19 所示。从图中可以看出，剩余的全部为零件名。但仍有很多重复项，下一步就需要删除重复项，在 Excel 中有不止一种方法可以删除重复项。例如，图 4.20 中，在"数据"下就有删除重复项的选项，可以直接进行删除。当然，还可以有其他的方法。处理后的表格如图 4.21 所示。此时，就可以对零件名进行相关的数据运算。

	A	B
1	零件名 ▼	
2	与船体焊接	
3	与船体焊接	
4	硬木板	
5	硬木板	
6	建设工艺孔	
7	固定支架	
8	固定支架	
9	侧视图	
10	LEG/SQ30/01(2)	
11	LEG/SQ30/01(2)	
12	LEG/SQ30/01(2)	
13	LEG/SQ20/05(4)	
14	LEG/SQ20/05(4)	
15	LEG/SQ20/04(4)	
16	LEG/SQ20/04(4)	
17	LEG/SQ20/03(2)	
18	LEG/SQ20/03(2)	
19	LEG/B20/17(2)	
20	LEG/B20/16(2)	
21	LEG/B20/15(2)	
22	LEG/B20/14(2)	
23	LEG/B20/13(2)	
24	LEG/B20/12(2)	

图 4.18　排序后的文本

	零件名 ▼
1	零件名 ▼
2	LEG/SQ30/01(2)
3	LEG/SQ30/01(2)
4	LEG/SQ30/01(2)
5	LEG/SQ20/05(4)
6	LEG/SQ20/05(4)
7	LEG/SQ20/04(4)
8	LEG/SQ20/04(4)
9	LEG/SQ20/03(2)
10	LEG/SQ20/03(2)
11	LEG/B20/17(2)
12	LEG/B20/16(2)
13	LEG/B20/15(2)
14	LEG/B20/14(2)
15	LEG/B20/13(2)
16	LEG/B20/12(2)
17	LEG/B20/11(2)
18	LEG/B20/10(2)
19	LEG/B20/09(2)
20	LEG/B20/04(2)
21	LEG/B20/04(2)
22	LEG/B20/04(2)
23	LEG/B20/03(8)

图 4.19　删除无关数据后的文本

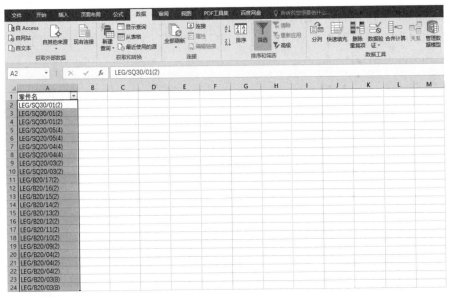

图 4.20　删除重复项

1	零件名 ▼
2	LEG/SQ30/01(2)
3	LEG/SQ20/05(4)
4	LEG/SQ20/04(4)
5	LEG/SQ20/03(2)
6	LEG/B20/17(2)
7	LEG/B20/16(2)
8	LEG/B20/15(2)
9	LEG/B20/14(2)
10	LEG/B20/13(2)
11	LEG/B20/12(2)
12	LEG/B20/11(2)
13	LEG/B20/10(2)
14	LEG/B20/09(2)
15	LEG/B20/04(2)
16	LEG/B20/03(8)

图 4.21　处理后的零件名

4.2　AutoCAD 表格输入到 Excel

如果是将整个表格输入 Excel，需要进行编程，可以用 Autolist 或 VBA 来实现这一功能。网上可以找到相应的资源。下面以其中的一种方法说明该功能的用法。

如图 4.22 所示，把文本输出中的"LSP"文件或"Fas"文件加载到 AutoCAD 中，即可进行文本的输出。可以用下拉菜单"Tools\Autolisp\Load

Application"进行加载，如图 4.23 所示。可以通过点"Contents"进行长期的加载，也可以直接找到文本输出中的"LSP"文件或"Fas"文件，然后用鼠标直接拖到 AutoCAD 中。

图 4.22　CAD 表格输出到 Excel 中

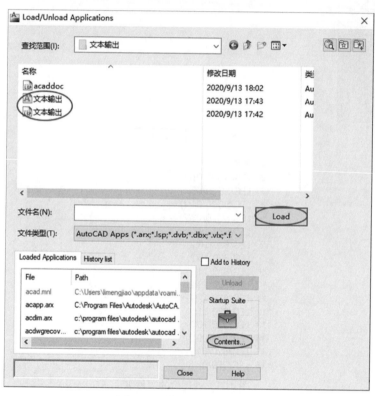

图 4.23　加载 Autolisp 应用

　　加载之后，可以直接输入命令"Tableout"，把文件保存后再选择文本，会弹出"表格成功导出"，如图 4.24 所示，然后打开 Excel 表格进行核对。
　　注意：由于一些特殊符号导出至 Excel 表格以后会有一些变化，如在 AutoCAD 中的"∅"、"°"，导出后为"%%c"、"%%d"；而一些文本，如 1/4、3/8 等格式的文件，会自动变成日期。因此，这些文本需要在导入之前使用表格中没有的文本内容进行替换，导出 Excel 之后再替换回来。

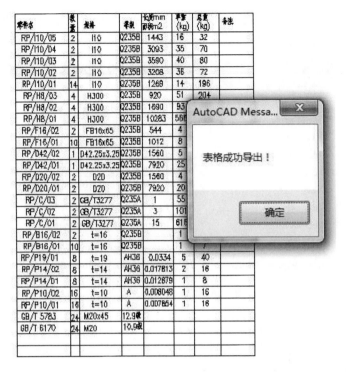

图 4.24　导出表格

4.3　块属性做的表格输出

前面提到的 CAD 表格输出到 Excel 中的程序只能识别文本，是无法识别块属性的。如果把块属性炸开，显示的为块属性的"Tag"，而不是"Value"，如图 4.25 所示。这显然不是所需要的形式。因此，需要把块属性转化为文本，具体操作如下。

	8	4	W 6X25		50 KSI	12	1/4	1203
	ITEM	QTY	DESCRIPYION/MATERIALS		MATSPEC	FT.	INCHES	WT.	WY-

图 4.25　块属性炸开前后

从下拉菜单中依次选择"Express\Blocks\Explode Attributes to Text"，如图 4.26 所示。这样把块属性炸开成文本以后显示的才是它的值，结果如图 4.27 所示。从图中可以看出，原内容相比多出一部分文本，这是因为原来的块属性中包括一部分隐藏了值的块属性，炸开成文本后就会全部显示出来，导出到 Excel 时把这一部分内容删除即可。

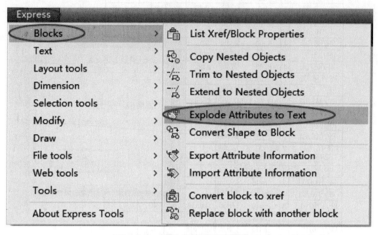

图 4.26　把块属性炸开成文本

M	QTY	DESCRIPTION / MATERIALS		FT	INCHES	WT	
	1	ONE 6 COMPARTMENT PORTABLE MUD TANK MK~D173-001A				61438	
,	4	TS 6x6x3/8	A500 Gr.B	9	1	998	27.4800
,	4	W 6X25	50 KSI	54	6	5450	25.0000
,	4	W 6X15	50 KSI	13	6	810	15.0000
,	2	W 6X15	50 KSI	13	11 5/8	419	15.0000
,	1	W 6X25	50 KSI	33	5 3/4	837	25.0000
,	4	W 6X15	50 KSI	6	11 5/8	418	15.0000
,	4	TS 4x4x1/4	A500 Gr.B	11	5 1/4	559	12.2100
,	4	W 6X25	50 KSI	12	1/4	1203	25.0000
,	2	TS 6x6x1/4	A500 Gr.B	48	1 3/4	2247	23.3400
,	21	TS 4x4x1/4	A500 Gr.B	2	1 5/8	653	12.2100
,	8	TS 4x4x1/4	A500 Gr.B	5	5 1/2	800	12.2100
,	4	W 6X15	50 KSI	5	5 3/8	327	15.0000

图 4.27　把块属性炸开为文本以后的效果

4.4　从 Excel 导入表格到 AutoCAD

　　把 Excel 表格通过复制粘贴导入到 AutoCAD 中，导入的内容仍然为 Excel 文件，与 Excel 有链接，如果编辑需要退回 Excel 中进行，难以与 AutoCAD 中的文本大小、样式等一致。为了达到与 AutoCAD 中完全一致，需要把 Excel 中的表格转化为 AutoCAD 中的直线和文本，具体操作如下。

　　在 Excel 中复制以后，在下拉菜单中选择"Edit\Paste Special"，如图 4.28 所示。

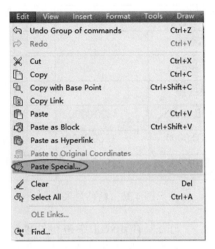

图 4.28　选择性粘贴

　　在弹出的对话框中选择 AutoCAD Entities，如图 4.29 所示。

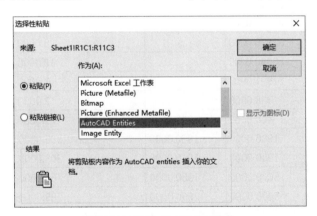

图 4.29　粘贴 AutoCAD 图形

　　粘贴后的效果如图 4.30 所示，从图中可以看出，有些文本有填充；有些文本不显示，而是显示#号；有的数字在小数点后面显示了几个 0。

　　显示填充和显示#号，是因为在 Excel 中的原单元格中有公式；小数点后面有几个 0，是高版本 AutoCAD 出现的问题，在 AutoCAD 2006 及以前的版本中并没有这种问题。

长度 mm	宽度mm	单重（kg）
60964		####
32879		####
50040		####
21991		####
11938		####
468.0000	300.0000	####
1980.0000	1960.0000	####
1980.0000	1960.0000	####

图 4.30　粘贴效果

　　为了解决上述问题，首先需要在 Excel 中进行处理，为了消除公式的影响，需要在 Excel 中进行选择性粘贴，选"粘贴文本"。将不带格式的 Excel 表粘贴到 AutoCAD 中，效果如图 4.31 所示。

长度mm	宽度mm	单重（kg）
60964.0000		14.0000
32879.0000		8.0000
50040.0000		12.0000
21991.0000		3.0000
11938.0000		2.0000
468.0000	300.0000	21.0000
1980.0000	1960.0000	305.0000
1980.0000	1960.0000	305.0000
5000.0000	1960.0000	769.0000
5000.0000	2000.0000	785.0000

图 4.31　去掉格式后的粘贴效果

　　从图 4.31 来看，数字在小数点后面存在很多"0"，"0"的数量与当前图形中数字的显示精度有关。为了去掉这些"0"，利用"Shift"来选中这些数字，注意选中的范围不能有非数字成分。

　　如图 4.32 所示，在弹出的对话框中，找到符号"%"，在右侧的下拉箭头中找到"Custom Table Cell Format"并单击。在弹出的对话框中，如图 4.33 所示，在左侧"Data type"选项中选择"Decimal Number"，在右侧的"Preview"对话框中选择"Decimal",选中对话框右侧下部的"Additional Format"选项并单击"OK",之后会弹出图 4.34 所示的对话框,在下侧"Zero suppression"中勾选"Trailing"后,单击"OK"确定,即可去掉小数点后多余的 0。

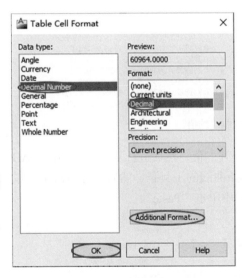

图 4.32　选中表中数字的成分

图 4.33　表格格式设置　　　　图 4.34　表格中精度设置

4.5 利用 Excel 的计算功能进行规则的批量制图

假如进行公式曲线的绘制，如正弦曲线；或者有一批规则的矩形要在 AutoCAD 中绘制，就要用到批量制图的功能。下面对实现该功能的方法进行介绍。

在 Excel 中，为了简单起见，其中一列为角度 α，一列表示 X 坐标，一列表示 Y 坐标，关键是最后一列，表示坐标值 X, Y，其中角度采用等差序列，自上而下增加 1°；X 坐标为角度的弧度值，所以 X 列输入公式 "=A2*Pi()/180"；Y 坐标为正弦值，输入公式 "=sin(B2)"；X, Y 为坐标值，输入公式 "=B2&", "&C2"，结果如图 4.35 所示。

α	X	Y	X,Y
0	0	0	0, 0
1	0.017453293	0.017452406	0.0174532925199433, 0.0174524064372835
2	0.034906585	0.034899497	0.0349065850398866, 0.034899496702501
3	0.052359898	0.052335956	0.0523598775598299, 0.0523359562429438
4	0.06981317	0.069756474	0.0698131700797732, 0.0697564737441253
5	0.087266463	0.087155743	0.0872664625997165, 0.0871557427476582
6	0.104719755	0.104528463	0.10471975511966, 0.104528463267653
7	0.122173048	0.121869343	0.122173047639603, 0.121869343405147
8	0.13962634	0.139173101	0.139626340159546, 0.139173100960065
9	0.157079633	0.156434465	0.15707963267949, 0.156434465040231
10	0.174532925	0.173648178	0.174532925199433, 0.17364817766693
11	0.191986218	0.190808995	0.191986217719376, 0.190808995376545
12	0.20943951	0.207911691	0.20943951023932, 0.207911690817759
13	0.226892803	0.224951054	0.226892802759263, 0.224951054343865
14	0.244346095	0.241921896	0.244346095279206, 0.241921895599668
15	0.261799388	0.258819045	0.261799387799149, 0.258819045102521
16	0.27925268	0.275637356	0.279252680319093, 0.275637355816999
17	0.296705973	0.292371705	0.296705972839036, 0.292371704722737
18	0.314159265	0.309016994	0.314159265358979, 0.309016994374947
19	0.331612558	0.325568154	0.331612557878923, 0.325568154457157
20	0.34906585	0.342020143	0.349065850398866, 0.342020143325669

图 4.35　正弦曲线的值

选中图 4.35 所示表中的 X, Y 所在一列的值，然后进行复制。在 AutoCAD 输入样条曲线的命令 "spl"，或者单击样条曲线的工具条，然后在命令行单击鼠标右键，如图 4.36 所示，在弹出的对话框中单击 "Paste"。

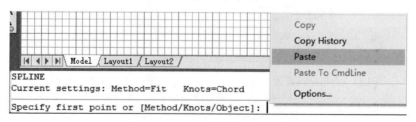

图 4.36　在命令行进行右键操作

把坐标值粘贴到 AutoCAD 中以后的效果如图 4.37 所示，可以得到需要的正弦曲线。

图 4.37　AutoCAD 中输出的正弦曲线

矩形的坐标是输入对角线上的两个点。原始的文件一般为已知矩形的长和宽。图 4.38 所示为一个零件列表，需要设置起点 X 坐标和 Y 坐标、终点 X 坐标和 Y 坐标。让所有矩形的起点 X 坐标均为 0，终点 X 坐标均为长度值。第一行的起点 Y 坐标值为 0，则第一行终点 Y 坐标为第一行的宽度值；第二行的起点 Y 坐标在第一行终点 Y 坐标值+20(这个值可以自己确定)，第二行终点坐标为起点坐标+第二行的起点坐标+第二行的宽度值，那么在 Excel 中的公式就有了。

零件名	数量	规格	等级	长度mm	宽度mm	单重（kg）	总重（kg）	备注
IN/S8/10	2	8	AH36	384	408	10	20	
IN/S8/09	2	8	AH37	312	408	8	16	
IN/S8/08	1	8	AH38	2943	408	75	75	
IN/S8/07	1	8	AH39	2943	408	75	75	
IN/S8/06	4	8	AH40	3230	408	83	332	
IN/S8/05	4	8	AH41	3230	908	184	736	
IN/S8/04	2	8	AH42	1770	908	101	202	
IN/S8/03	1	8	AH43	4682	908	267	267	弯管
IN/S8/02	2	8	AH44	4478	508	143	286	弯管
IN/S8/01	4	8	AH45	1770	508	56	224	
IN/S7/05	4	7	AH46	1130	512	32	128	
IN/S7/04	4	7	AH47	1000	512	28	112	
IN/S7/03	4	7	AH48	700	512	20	80	
IN/S7/02	4	7	AH49	3816	512	107	428	弯管
IN/S7/01	8	7	AH50	1620	512	46	368	

图 4.38　规则矩形的零件列表

如图 4.38 所示，长和宽分别在 E 列和 F 列。如图 4.39 所示，把 J 列定义为起点 X，K 列定义为起点 Y，L 列定义为终点 X，M 列定义为终点 Y，N 列定义为需要复制到 AutoCAD 中的坐标值，即"X1,Y1 X2,Y2"。下面介绍各个坐标值的设置。

起点 X，所有的坐标值均为 0。

终点 X，为长度值，即 L2=E2。

起点 Y，第 1 个为 0，即 K2=0；后面的 K3 为前面的宽度值+20，即 K3=K2+F2+20，K4=K3+F3+20，…其中 20 这个值可以自己设定。

终点 Y，即起点 Y 加上当前行的宽度值，也就是 M2=K2+F2，M3=K3+F3…。

N 列为合并的坐标值，即"N2=J2&"、"&K2&"、"&L2&"、"&M2&"。值

得注意的是，当输入一个坐标值后，后面应该有回车确定，而在 AutoCAD 中也可以利用空格键作为回车，所以在起点坐标与终点坐标中间增加了一个空格；而空格键也可以作为回车重复上一个命令，所以在最后又合并了一个空格。

利用 Excel 的拖动复制功能就可以将所有列的公式直接通过拖动复制过去。

最后表格的结果如图 4.39 所示。

同前面的公式曲线一样，在 AutoCAD 中输入矩形的命令 rec 后按回车键，利用右键把 Excel 中 N 列的坐标值粘贴到 AutoCAD 命令行中，即可得到图 4.40 所示的结果。

J 起点X	K 起点Y	L 终点X	M 终点Y	N 起点坐标, 终点坐标
0	0	384	408	0,0 384,408
0	428	312	836	0,428 312,836
0	856	2943	1264	0,856 2943,1264
0	1284	2943	1692	0,1284 2943,1692
0	1712	3230	2120	0,1712 3230,2120
0	2140	3230	3048	0,2140 3230,3048
0	3068	1770	3976	0,3068 1770,3976
0	3996	4682	4904	0,3996 4682,4904
0	4924	4478	5432	0,4924 4478,5432
0	5452	1770	5960	0,5452 1770,5960
0	5980	1130	6492	0,5980 1130,6492
0	6512	1000	7024	0,6512 1000,7024
0	7044	700	7556	0,7044 700,7556
0	7576	3816	8088	0,7576 3816,8088
0	8108	1620	8620	0,8108 1620,8620

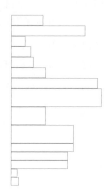

图 4.39　坐标值输出结果　　　　　图 4.40　粘贴到 AutoCAD 中的效果

4.6　利用图形特性进行批量修改

如图 4.41 所示，图中包括文本、直线、多义线、块、标注、引出线、圆、圆弧等。若需要对每一种分别进行修改，如修改文本的图层、颜色、文本样式、文本大小等，就可以利用特性进行修改。

首先全部选中需要修改区域的图形，右键单击 "Properties"，如图 4.42 所示。在弹出的对话框中，单击右上角的下拉箭头，如图 4.43 所示，可以看到图形中包括不同实体的数量，包括直线、样条曲线、多行文字、单行文字等。

以多行文字为例说明修改方法。选中其中的多行文字，如图 4.44 所示。从图中可以看出，可以把所有的多行文字同时进行图层、颜色、字体样式、字高等的设置。例如，把图层统一修改为 Text-h，颜色修改为白色，字体样式修改为 Text-P，字高统一修改为 125，同时把单行文字也进行同样的修改，修改后的结果如图 4.45 所示。

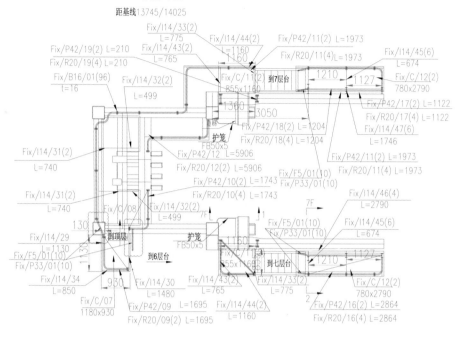

图 4.41 需要修改的图形

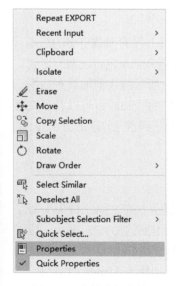

图 4.42 右键选择特性

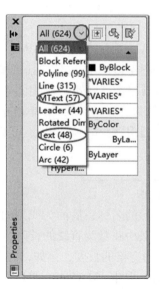

图 4.43 特性对话框

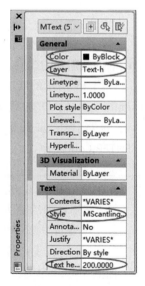

图 4.44 多行文字特性

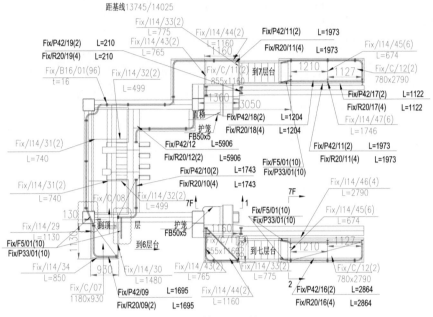

图 4.45　修改后的结果

4.7　AutoCAD 线型定制

绘图需要多种不同的线型，而标准的 AutoCAD 文件并没有加载更多的线型，做图前加载需要的线型。如图 4.46 所示，可以通过线型管理器来进行线型的加载。

图 4.46 所示的线型加载单击 "load"，弹出图 4.47 所示的线型加载对话框。标准的 AutoCAD 加载文件为 "acadiso.lin"，单击左侧的 "File"，可以看到文件所在的路径。如果把文件用记事本打开，可以看到线型定义方式，如

*CENTER,Center
————　－　—　—　－　—　—　－　—　—　－　—　—　－　—

A, 31.75, -6.35, 6.35, -6.35

第一行*号的后面为线形的名称，后面为线型的显示方式。第二行为大写字母 "A" 开头的线型定义，其中正数为直线的长度，如上面的 31.75 表示一段长为 31.75mm 的直线；负数为空格的长度，例如，-6.35 为中间空格的一段长度，以上面的中心线为例，表示一段长 31.75mm 的直线，一段 6.35mm 的空白，一段 6.35mm 的短直线，一段 6.36mm 的空白，后面为循环。

如果还有点，用 0 表示。有些还可以用字母表示。

如*GAS_LINE,Gas line ----GAS----GAS----GAS----GAS----GAS----GAS--

A,12.7,-5.08,["GAS",STANDARD,S=2.54,U=0.0,X=-2.54,Y=-1.27],-6.35

前面的 GAS_LINE 为线型的名称，后面为线形示意图。

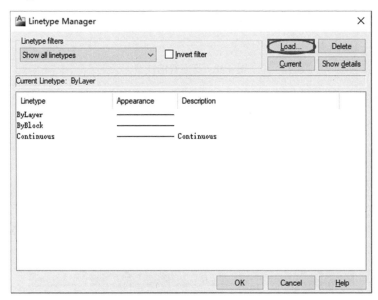

图 4.46　线型加载

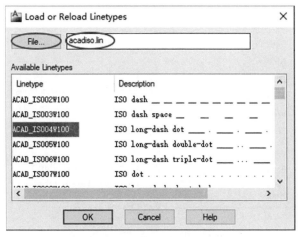

图 4.47　线形加载对话框

第二行大写 A 开头的为线型的定义。从中可以看出，先画长 12.7mm 直线，长 5.08mm 的空格，后面为字符"GAS"；STANDARD 为字体样式；S=2.54 为文字的比例因子，其值为 2.54；U=0.0 表示不旋转，后面的数字为旋转角度；X=–2.54 表示文字在画线方向的偏移量；Y=–1.27 表示文字在画线垂直方向的偏移量。插入线型 GAS_LINE，如图 4.48 所示。

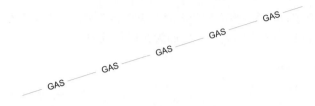

图 4.48　带字符的线型

了解了各个字符的含义，就可以自定义线型。比较方便的方法是根据已有的近似线型，复制一个进行修改。

4.8　单行文本转化为多行文本

单行文本与多行文本是可以相互转化的，众所周知，多行文本炸开可变成单行文本，而单行文本可以通过下拉菜单 "Express\Text\Convert Text to Mtext" 变成多行文本，如图 4.49 所示。

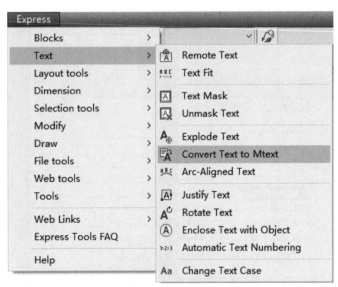

图 4.49　单行文本转化为多行文本

单行文本转化为多行文本还是比较实用的。前面介绍了表格输出，而有时电脑上并没有插件怎么办？可以通过单行文本转化为多行文本，按照某一列或某一行进行输出。

如图 4.50 所示的零件列表中的零件总重量，如果逐一相加会比较麻烦，且容易出错，就可以通过单行文本转化多行文本的形式导出到 Excel 中进行计算。

	A	B	C	D	E	F	G	H
1	Fix/C/13	2	1608×3580	4	169	338	Q235A	
2	Fix/C/12	1	780×2790	2	88	88	Q235A	
3	Fix/C/11	1	855×1160	1	40	40	Q235A	
4	Fix/C/10	1	3750×3400	53	2162	2162	Q235A	
5	Fix/C/9	1	8100×7750	13	516	516	Q235A	
6	Fix/C/8	1	4400×4200	3	129	129	Q235A	
7	Fix/C/7	1	1180×930	1	44	44	Q235A	
8	Fix/C/6	1	1950×6900	9	351	351	Q235A	
9	Fix/C/5	1	3800×1900	6	228	228	Q235A	
10	Fix/C/4	1	1550×1030	1	52	52	Q235A	
11	Fix/C/3	1	1550×1030	1	52	52	Q235A	
12	Fix/C/2	1	7174×2086	12	482	482	Q235A	
13	Fix/C/1	1	1310×814	1	43	43	Q235A	
14	Fix/B16/02	4	t=16		0.8	3	Q235B	
15	Fix/B16/01	96	t=16		0.7	67.2	Q235B	
16	名称	数量	规格	长度（mm）	单重（kg）	总重（kg）	等级	备注

图 4.50　需要统计重量的零件列表

第一步，把总重这一列的文本单独复制出来，如果有多行文本，先炸开成单行文本。

第二步，把这一列单行文本转化为多行文本，在数量上就成了一个。

第三步，对这个多行文本进行编辑，也就是输入"ed"命令，然后选中该文本。

第四步，进入多行文本编辑器后，按"Ctrl+A"进行全选，然后按"Ctrl+C"进行复制。此时的文本就复制到剪切板中了。

第五步，在 Excel 表中进行粘贴，此时会把文字粘贴到一个单元格中。

第六步，进行分列，按空格进行分列，就会分成一行多列。选中该行就可以对其进行物理量统计，如果仅统计重量，可以到此为止。如果还要把它转化为 Excel 中的表格，就进行下一步。在 Excel 中分列如图 4.51 所示，单击下一步，按提示进行操作。

第七步，对第六步中的文本进行复制。

第八步，在 Excel 中进行选择性粘贴，然后进行转置，变成一列多行。如图 4.52 所示，利用 Excel 的右键进行转置操作，不同的 Excel 版本操作可能略有差异。

其余的列也按上述步骤进行操作就可以把 AutoCAD 中的表格逐列复制到 Excel 表中。

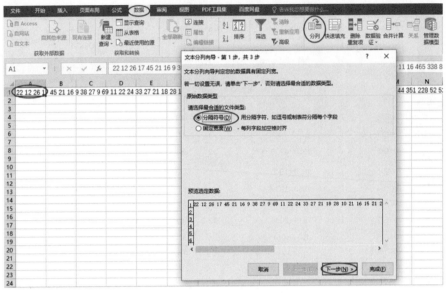

图 4.51　按空格进行分列

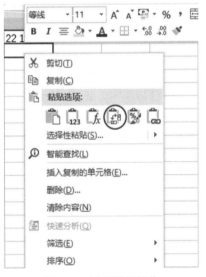

图 4.52　进行转置操作

4.9　单行文本炸开为图形

有时需要在钢板上进行文字的操作，如焊接成凸起的文字，就需要用钢板切割出文本。而数控切割机只识别直线和圆弧，不能识别文本，就需要把文本转化为图形，具体操作如下。

如图 4.53 所示，单击下拉菜单"Express\Text\Explode Text"，选中单行文本。

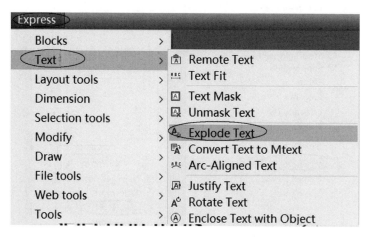

图 4.53　把文本炸开成图形

如图 4.54 所示，不同的字体样式，炸开后的文字效果不同。如果原来的字体本身就是单线体，炸开后仍然是没有宽度的线，如果是有宽度的线，炸开后就成了中空封闭图形。

图 4.54　炸开后的单行文本

4.10　多视口编辑图形

在作图时经常需要多个视图进行对照，尤其是船体的图形，放在一个视口上查看十分不方便。因此，可以采用两个或者三个视口进行对照查看。

通过下拉菜单"View\Viewports\New Viewports"可进行多视口查看文件，如图 4.55 所示。

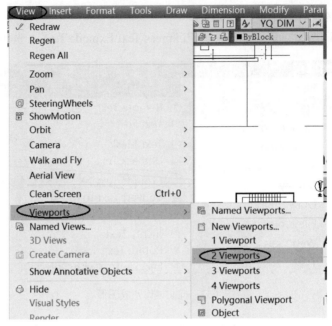

图 4.55　多视口查看文件

通过两个视口查看后，就可以分别把视口缩放到不同的位置。如图 4.56 所示，可以在两个视口分别放置水平剖面和立面进行对照。当然，也可以分成三个视口，通过三个视图对照来查看。视口之间可以通过鼠标单击进行切换。由于多视口本身编辑的是同一个文件，所以多视口之间仍然可以进行复制图形的操作，也可以相互切换编辑。

图 4.56　两个视口查看文件

4.11　在 Layout 中输出图形

在 AutoCAD 中输入图形分为在"Model"中和"Layout"中，其中"Model"中的图框与图形都在 Model 中，图形通常采用 1∶1 进行绘制，而图框是根据输出要求进行缩放的，例如，要输出 1∶50 的图形，图框要放大 50 倍。在"Layout"中，图框并不放在 Model 中，图框永远是按 1∶1 进行放置的，而输出比例是随时可调的，不会影响图框，也不会影响图形。"Layout"与"Model"中设置相同的是文字标注和尺寸标注，这两者是一样的，永远和输入比例成反比。

下面介绍一下"Layout"的设置方法。

第一步，通过鼠标切换到"Layout"后，删除原来的图形，此时只是相当于在当前图纸中没有任何图形，并不会影响"Model"空间绘制的图形。

第二步，单击下拉菜单"File\Page Setup Manager"，或者在"Layout"下方单击鼠标右键，然后单击"Page setup manager"进行页面的设置，如图 4.57 所示。

第三步，在弹出的对话框中对打印机、图纸幅面、打印样式、图纸的朝向、打印比例等进行设置，如图 4.58 所示。与打印输出

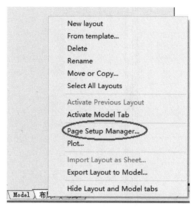

图 4.57　Layout 页面设置

的设置类似，不同的是比例要选 1∶1；"What to plot"栏目选"Layout"；在右上角勾上"Display plot styles"，相当于打印预览的效果。

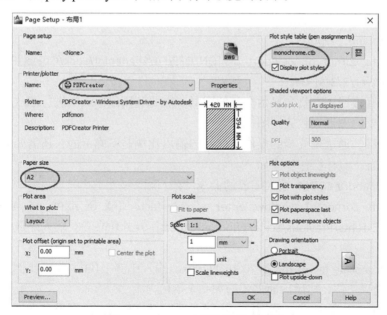

图 4.58　Layout 中页面设置对话框

第四步，复制图框进去，如图 4.59 所示。因为打印机打印不到边，所以图框需要略缩小一些，如缩小为原来的 98%。

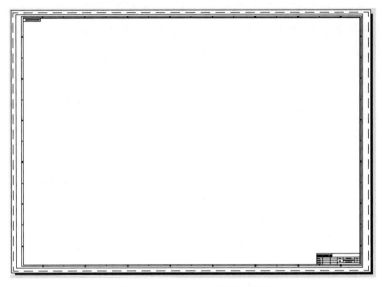

图 4.59　在 Layout 中增加图框

第五步，从图 4.59 来看，此时仅仅有图框，还没有图形，相当于有了图纸，还没有内容。单击下拉菜单 "View\Viewports\1 Viewport"，如图 4.60 所示。此时，会弹出如下对话框。

Command: _-vports

Specify corner of viewport or [ON/OFF/Fit/Shadeplot/Lock/Object/Polygonal/Restore/LAyer/2/3/4] <Fit>:

可以直接回车，就会显示全部的图形。需要利用鼠标双击进行缩放和移动调整，把需要的图形大致放到图框中。

第六步，通过第五步的操作，此时的输出比例是不确定的，还需要进行输入比例的设置，具体操作步骤如下。

Command: z ZOOM 输入缩放的命令 "z"。

Specify corner of window, enter a scale factor (nX or nXP), or [All/Center/Dynamic/Extents/Previous/Scale/Window/Object] <real time>: s 输入缩放比例的命令 "s"。

Enter a scale factor (nX or nXP): 1/100xp 输入比例 1:100，注意比例的格式采用 "/" 代替 ":"，然后后面需要增加一个 XP。

Command: _.PSPACE 利用鼠标中键对图形进行移动，使图形基本处于图框的中间。然后在图框的外侧双击鼠标，确定输出的比例。此时再用鼠标进行缩放就

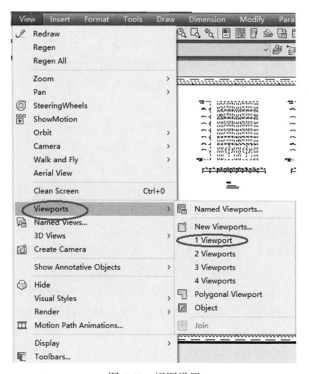

图 4.60　视图设置

对输出比例没有影响了，输出的结果如图 4.61 所示。

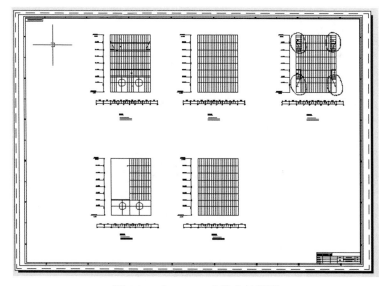

图 4.61　在 Layout 中输出的图形

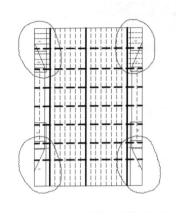

图 4.62　把全局线型比例 "lts"
设置为 1 后的效果

注意：在 "Model" 空间中一些线型看起来是正常的虚线、中心线、双点划线等，而放到 "Layout" 后会全部显示为实线，这是由于全局比例的问题，因为 "Layout" 中显示的是 1 : 1 的设置，而 "Model" 空间中并不是。我们需要的是打印后在图纸上显示清楚，所以就需要在 "Layout" 中能够看清楚线型，而不必关心在 "Model" 空间中能否看清楚，要解决这个问题通常将全局比例 "lts" 设置为 1，设置后的效果如图 4.62 所示。

在 "Model" 空间中绘制局部视图是把图形放大，把标注的缩放比例改成放大倍数的倒数。但在 "Layout" 视图中，局部大比例的图形仅是局部的输出比例不一样而已，所以标注的缩放比例仍然是 1，不同的是，需要标注的全局比例与局部视图输出比例一致，并且局部的图形不需要放大，仍然按 1 : 1 绘制。

例如，要把图中贯穿孔的视图表达清楚，整个图形的输出比例为 1 : 100，而贯穿孔以 1 : 10 进行输入。那么，只需要把贯穿孔的图形复制到旁边，然后按 1 : 10 输出的要求建一个标注样式即可。

如图 4.63 所示，输入命令 "d"，选中 1 : 100 的标注样式，然后单击 "New"。在弹出的对话框中，把名称改成 1 : 10 的标注样式，然后单击 "Continue"。在弹出的对话框中找到 "Fit" 选项卡，在 "Fit" 选项卡的右下方

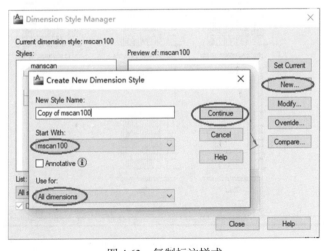

图 4.63　复制标注样式

有"Use overall scale of"，如图 4.64 所示，把数据由 100 改为 10，单击"OK"确定即可。

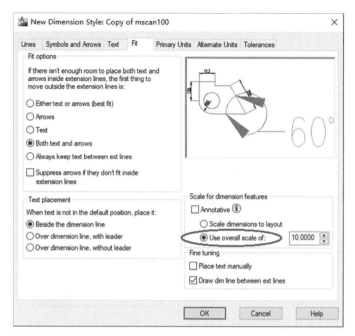

图 4.64　修改标注全局比例

下一步就可以对局部视图进行标注了。

绘制的局部视图在"Model"空间，如图 4.65 所示。

切换到"Layout"中，单击下拉菜单"View\Viewports\Polygonal Viewport"，如图 4.66 所示。在"Layout"图框内空间相对较大的区域绘制一个多边形，从而确定一个视口的范围。

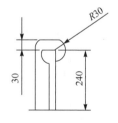

图 4.65　Model 空间的局部视图

绘制完多边形并确认后会出现图 4.67 所示的局部视口，在这个视口会显示"Model"空间中的所有图形。双击进去后，把刚才标注的局部视口调整到绘制多边形的中心附近，然后按前面的步骤以 1∶10 进行输出。

Command: z ZOOM　输入视口缩放的命令"z"。

Specify corner of window, enter a scale factor (nX or nXP), or [All/Center/Dynamic/Extents/Previous/Scale/Window/Object] <real time>: s 输入输出图形比例的命令"s"。

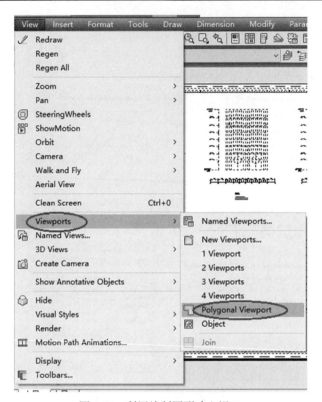

图 4.66　利用绘制图形建立视口

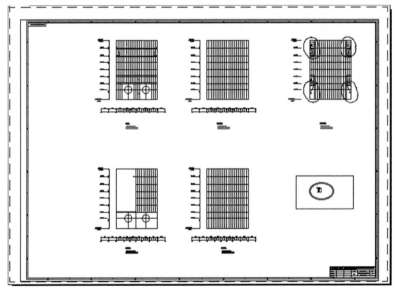

图 4.67　利用绘制多边形确定一个视口

Enter a scale factor (nX or nXP): 1/10xp　输入图形输出比例 1/10。Command: _. PSPACE　在图框外双击鼠标，退出"Layout"的编辑。

上述操作完成后，整个图形如图 4.68 所示，需要在局部视口中注明输出比例 1：10，因为它与整页的输出比例不一样。

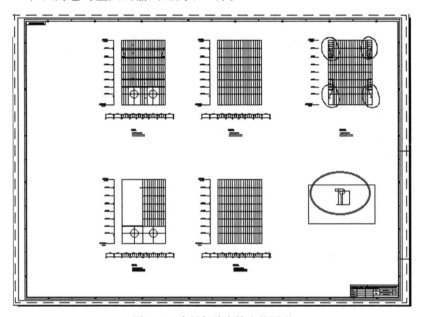

图 4.68　含局部放大输出的图形

如果认为图 4.68 中新建视口的多边形影响视图的表达，或者影响美观，可以把这个多边形放到一个隐藏的图层中，把这个外框隐藏掉。

值得注意的是，这种局部视口在下次打开图形时想再进入编辑有时会比较困难，如果想对它进行位置移动、放大或缩小显示范围怎么办呢？

一种比较复杂的方法是在"Layout"中删除这个多边形，再重新定义，这种操作并不会影响在"Model"空间中绘制的图形。

另一种方法是把这个外框显示出来，则在"Layout"空间中就可以对这个图形进行移动，单边加大或缩小。这种方式可以把局部视口的显示范围放大、缩小或者移动，但不能更换这个局部视口的输出比例。

以上两种方法可以根据实际需要灵活运用。

4.12　利用外部链接进行图形的参考

在绘制图形时经常要参考其他的图形，绘制图形和参考图形界面来回切换不太方便，将参考图形复制到文件中又会影响作图空间，并且标注、线型比例都有可能发生变化。此时可以采用外部链接参照的形式，具体操作如下。

从下拉菜单中找到"Insert\DWG Reference"，如图 4.69 所示，按提示找到要参考的文件，插入后的文件相当于在图中增加了绘图背景，此背景图可以测量、查看、捕捉，但不可以炸开、复制等。

图 4.69　插入外部参照图形

当外部参考的图形用完以后，需要进行卸载并去除。找到下拉菜单"Insert\External References"，如图 4.69 所示。在弹出的对话框中找到加载的图形文件，然后用右键单击"Unload"，可以在图形中去除该文件，但此时的链接关系并没有去除。如果用右键单击"Detach"就可彻底去除链接关系。

4.13　删除只由空格组成的文本

AutoCAD 2006 及以后版本都无法直接选中只由空格组成的文本，当图形缩小时会看到一个红点，放大后则什么也看不到。遇到这种情况，就知道图形中包括只由空格组成的文本，如何进行删除呢？

既然无法直接进行选中，就需要用间接的方式删除。先利用"Find"命令，把空格替换成"111111"，这个字符串可以自行确定，但要保证原图形中没有这个字符串，并且字符串中没有通配符。

替换以后，就会发现图形中多了很多的"111111"，其中就包括只由"1"组成的字符串，这样就可以把这些文本删除。

删除以后，你会发现其余字符中的空格也被替换成了"111111"，这时再输入命令"Find"，把"111111"替换成空格即可。

4.14　编辑多行文本时输入"/"后变成分数的处理方法

在 AuotCAD 中对多行文本进行编辑时，经常会用到"/"，这个符号同时也可以表示分数，所以在编辑时系统会进行自动转化，弹出如图 4.70 所示的对话框。从图中可以看到，上面有一行文字"Enable Auto Stacking"。如果把该选项去掉，然后再勾选上后面的"Don't show this dialog again; always use these settings"，图 4.70 所示的对话框就再也不会弹出来了。

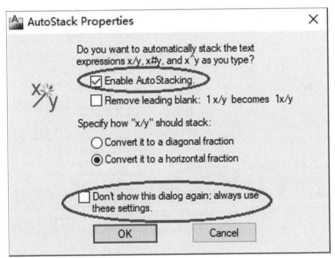

图 4.70　自动转化对话框

但是，如果不小心选错了，又点了"Don't show this dialog again; always use these settings"，系统会自动转化，但又不弹出这个对话框修改怎么办呢？

首先，把其中一个"/"的字符形式转化为分数的形式，如图 4.71 所示，选中这个分数，单击右键，在弹出的对话框中选中"Stack Properties"。

然后，在弹出的对话框中找到"AutoStack"，单击就会弹出"AutoStack Properties"对话框，如图 4.72 所示。此时，就可以对"AutoStack Properties"进行修改了。

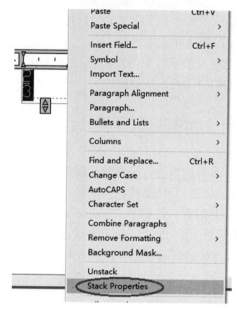

图 4.71　Stack Properties

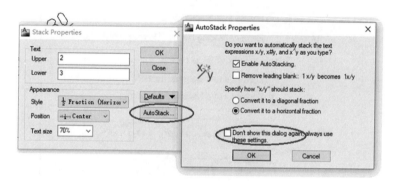

图 4.72　AutoStack 对话框

4.15　图形打不开的处理方法

AutoCAD 图形打不开一般有以下几种情况：

(1) 图形的版本高于本地 AutoCAD 安装的版本。查看方法及打开方法见 4.1 节，需要借助 AutoCAD 转化工具或者利用其他安装了高版本 AutoCAD 的计算机打开，将其另存为低版本文件。

(2) AutoCAD 文件被加密。例如，有些电脑安装了防火墙，文件没有得到解密是无法打开的。

(3) AutoCAD 文件损坏。损坏的文件有被修复的可能，可以先尝试用 AutoCAD 修复功能进行修复。输入命令"Recover"，找到损坏的文件打开即可。如果用本机的 AutoCAD 无法进行修复，可以进一步找另一台安装了更高版本 AutoCAD 的计算机进行修复，大多数情况下都是可以进行修复的。

4.16　插入的图片只显示外框的处理方法

插入的图片只显示外框这种情况出现的概率比较低，如图 4.73 所示。这是因为图形的视角被旋转了一个角度，所以需要把视图的角度调正，具体操作如下。

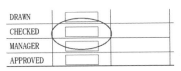

图 4.73　图片只显示外框

单击下拉菜单"View\3D Views\Top"，如图 4.74 所示，之后图形会全部显示，显示结果如图 4.75 所示，从图中可以看出图片可以正常显示了。

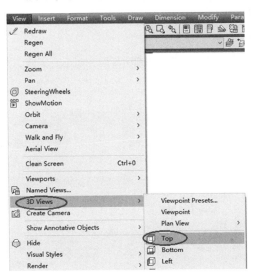

图 4.74　视图观察方式

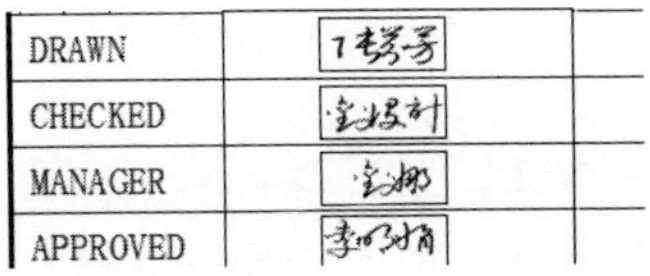

DRAWN	了梦季
CHECKED	设计
MANAGER	宝娜
APPROVED	李小南

图 4.75　正常显示图片后的图形

4.17　缩小文件大小

AutoCAD 在操作过程中，难免会从其他图形中进行复制、粘贴、删除，这样就会积累下图形中不用的图层、线型、标注样式、块等信息，这些信息都会占用磁盘空间，使文件变得越来越大。因此，这些多余的信息需要进行清理。

清理文件的命令为"pu"，是"purge"的前两个字母。清理后，文件的大小会有不同程度的缩小。

4.18　教育版问题的解决方法

有些电脑安装的 AutoCAD 是教育版，做的文件也会带有教育版的水印。而从该文件中复制信息到其他非教育版的文件中，也会把教育版的水印带到新的文件中。

教育版的文件在打开时会有警告信息，警告信息上明确显示，如果单击"Continue the current operation"，在打印输入时就会在图纸四周显示信息"PRODUCED BY AN AUTODESK EDUCATIONAL PRODUCT"。如何去除这条信息呢？下面是操作步骤。

第一步，输入命令"dxfout"，按提示存一个 dxf 文件，如图 4.76 所示。

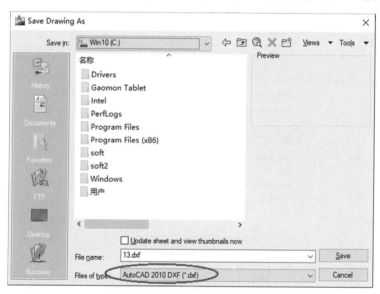

图 4.76　解决教育版警告信息

第二步，输入"dxfin"，把刚存成的"dxf"文件打开，此时的文件就已经去掉了教育版信息，另存为"dwg"即可。

通常通过上述操作可以把教育版信息去掉，但有些带有教育版的文件本身还存在错误，输出的 dxf 文件无法打开，遇到这种情况就需要先对原文件进行修复。

输入"recover"，按提示打开文件。

修复后按上面的步骤输入命令"dxfout"存为 dxf 文件，然后再输入"dxfin"打开即可。

注意：一定要用"dxfout"存成 dxf 文件，而不能用"另存为"存成 dxf文件。

4.19　重　命　名

在 AutoCAD 中块、标注样式、文字样式、图层等都有人为编写的名称，也可以进行重命名。同时，名称也是先入为主，对于在文件中已经存在的块、标注样式、文字样式、图层等，如果从其他文件复制同样名称的块、标注样式、文字样式、图层到原文件中，系统会将其认为是已经存在的块、标注样式、文字样式、图层等。

例如，在文件"dwg1"中有名称为"Test1"的块，形状如图 4.77 左侧所示，在文件"dwg2"中同样有名称为"Test1"的块，但它的形状为图 4.77 右侧所示的图形。

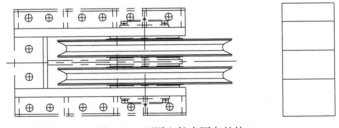

图 4.77　不同文件中同名的块

如果把文件"dwg2"中的块"Test1"，也就是图 4.77 右侧的块复制到文件"dwg1"中，就会自动变成图 4.77 中左侧的块，结果如图 4.78 所示。反之，如果把文件"dwg1"中的块"Test1"复制到文件"dwg2"中，就都会变成图 4.77中右侧的图形。

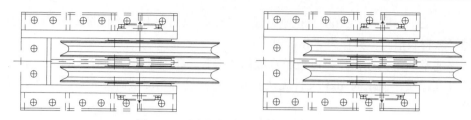

图 4.78　重名的块复制后会变成同一个块

而事实上，如果希望复制的是新的图形，就需要对块进行重命名。

在上述文件中的任意一个文件中输入命令"rename"，在弹出的图 4.79 所示的对话框中找到"Blocks"，然后找到对应的块"Test1"，在"Rename To"中填写另外的一个名称，如"test2"，即可完成重命名操作。

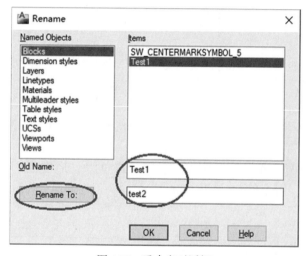

图 4.79　重命名对话框

4.20　打印样式丢失的处理方法

在打印时会出现打印样式丢失的问题。例如，想打印成单色的图形，但实际打印出来的仍然是彩色的。遇到这种情况就说明打印样式丢失了，处理方法如下。

输入命令"ConvertPStyles"，会弹出图 4.80 所示的警告对话框，直接单击确定再进行打印，就会发现已经恢复正常。

这个命令的名称比较长，不容易记住，怎么办呢？一种方式是记到笔记本上，想不起来时翻一下。另一种方式是分解这一命令，"Convert"是转化，就是

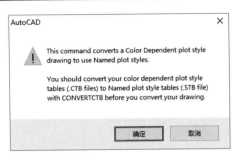

图 4.80　恢复打印样式

打印样式转化。"P"是打印的首字母，可以是"Plot"或者"Print"，而后就是样式的单词"Styles"。分解后就比较容易记了，但还是建议记到笔记本上，方便以后查找。

4.21　图形中样条曲线过多造成死机的处理方法

正常绘制的样条曲线通常不会造成死机现象，但由 PDF 文件转化为 CAD 文件后带来的样条曲线，尤其是复杂的设备图形，很容易造成死机。这种由 PDF 转化为 CAD 文件的设备图形，基本上只要捕捉点移动到样条曲线附近就会发生死机，这种情况发生的概率约为 100%。

遇到这种死机现象怎么办呢?

一种方法是把自动捕捉关掉就不会死机了，但这种方法会使作图很麻烦。

另一种方法是把图中的样条曲线转化成多义线：可以下载样条曲线转化为多义线的工具，如一种名称为"STP"的工具，是利用 VBA 或 LISP 程序写出来的转化工具。也可以直接输入命令"flatten"，把样条曲线转化为多义线。转化后的文件就不会出现死机现象了。

4.22　文件中的内容无法复制的解决方法

有些文件由于包括了部分错误或其他原因，无法复制到其他图形中。遇到这种情况可以采取以下方式来处理。

用"recover"命令进行修复，修复完成后保存。打开一个作图环境和无法复制的文件一样的没有问题的文件，把其中的内容全部删除，用下拉菜单"Insert\Block"来插入该文件，当然需要把文件炸开，如图 4.81 所示，操作完成以后该文件就可以复制了。

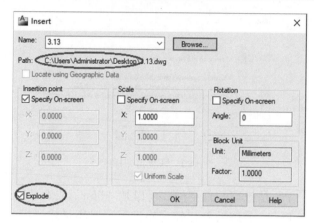

图 4.81　用插入块的形式插入文件

4.23　尺寸标注时总是被自动炸开的解决方法

有时会遇到在进行尺寸标注时所标注内容总被炸开成箭头、直线和文字的现象，这是因为文件命令被不小心修改了。

输入命令 dimaso，然后输入 on，则是正常用的尺寸标注；若输入 off，标注则会自动炸开。输入命令 dimassoc，若输入 2，则标注的尺寸是和图形连在一起的，图形改变，尺寸也跟着改变(有时效果不好)；若输入参数 1，则标注的图形和尺寸是分开的，图形改变，尺寸不改变，两者是完全分开的；若输入参数 0，则标注是被炸开的。

4.24　按住 Shift 才能添加选择项的解决方法

有时系统的选项被不小心改掉，选中图形后，再选另一个时会发现上一项已经从选择集中去掉了，只有按住"Shift"才能进行添加。这是因为"Option"的一个选项被更改了。

在命令行单击右键，会弹出图 4.82 所示的快捷菜单，单击"Options"命令。或者选择下拉菜单"Tools\Options"。

在"Options"的对话框中找到"Selection"选项，如图 4.83 所示。在对话框的左侧找到选项"Use Shift to add to selection"，去掉选项前面的勾选，然后单击

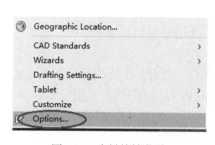

图 4.82　右键快捷菜单

"OK"确定即可。

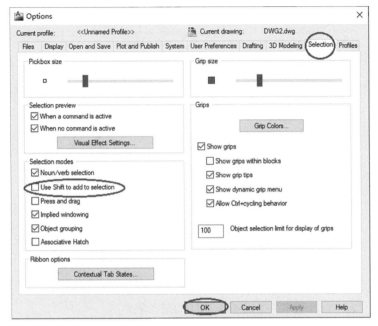

图 4.83　利用"Shift"添加选项

4.25　部分文本无法选中的解决方法

部分文本无法选中的现象不常见，与操作和 AutoCAD 的版本有关，换一个版本可能就可以选中操作。遇到这种情况怎么办呢？

可以切换到"Layout"空间中，然后双击进入编辑状态，此时会发现在"Model"空间中选不中的文字，在"Layout"空间中可以选中，然后修改文件的图层、颜色等信息，再回到"Model"空间，就会发现它可以被选中并修改了。

4.26　鼠标右键的设置

在 AutoCAD 中，除了空格键可以方便地代替"Enter"键以外，鼠标右键也非常有用。下面介绍鼠标右键的设置。

在命令行单击鼠标右键，弹出如图 4.82 所示的快捷菜单，单击 "Options"命令找到"User Preferences"选项，如图 4.84 所示，在左侧找到"Right-click Customization"并打开。

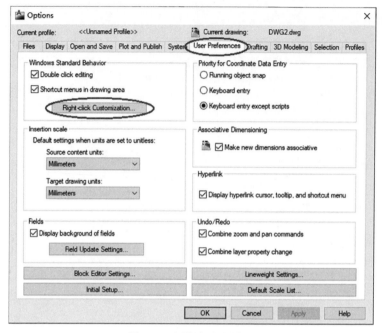

图 4.84　用户自定义设置

右键设置对话框如图 4.85 所示，自上而下各个选项的含义如下。

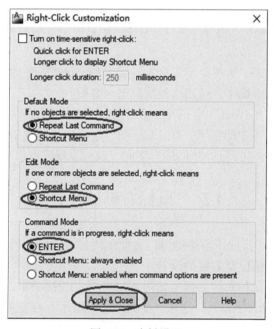

图 4.85　右键设置

"If no objects are selected, right-click means"，也就是没有选中任何图形时右键的作用。选上 "Repeat Last Command"，也就是让它重复上一个命令。这种情况下连续用同一个命令作图时就可以直接单击鼠标右键重复上一个命令，而不需要输入空格键或者输入命令来重复此过程。

"If one or more objects are selected, right-click means"，也就是有图形被选中时右键的作用。此时通常希望弹出快捷菜单，所以应该选择 "Shortcut Menu"。

"If a command is in progress, right-click means"，也就是当命令执行过程中时右键的作用，选中 "ENTER"，右键相当于回车键。

4.27　打开文件时总是要输入文件名才能打开的解决方法

文件保存方式有两种：一种是类似于 DOS 的形式，全部需要在命令行操作；另外一种是 Windows 通用形式，也是大家比较习惯的形式。

命令：filedia，有两个参数，0 和 1，分别代表 DOS 式和 Windows 式。

其中参数为 "1" 时就是 Windows 式的操作模式。

4.28　尺寸标注移动或复制后尺寸界线变长问题的解决方法

当尺寸标注被大幅度移动或复制时，有可能出现尺寸界线变长的问题。这是两者关联导致的。

输入命令 dda，然后全部选中，把关联取消，再次移动时就不会这样了。但这样处理后再次改变图形时，尺寸将不再改变。

4.29　动　态　块

动态块制作的第 1 步与普通块一样，先制成一个块，然后利用块编辑添加动态块的各个参数，如图 4.86 所示。

由于动态块的参数较多，这里以翻转参数(Flip)和可视化参数(Visiblility)为例进行简单介绍。

如制作一个动态块具体要求如下，主体为 HP200×10 和 HP300×11 的球扁钢块，分带贯穿孔和不带贯穿孔两种，球头方向可以翻转，高度方向也可以翻转。

第一步，先画出 HP200×10 和 HP300×11 的球扁钢块，分带贯穿孔和不带贯穿孔，共 4 个图形，如图 4.87 所示。

第二步，把这 4 个图形制成一个普通的块。

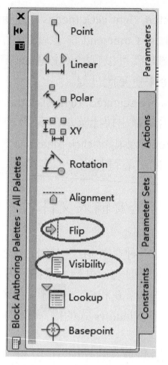

图 4.86　动态块的参数

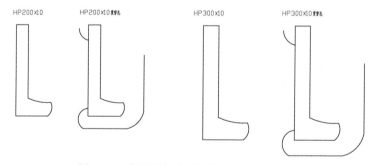

图 4.87　需要制成动态块的 4 个不同的图形

第三步，对块进行编辑，并插入"Visiblilty"参数，如图 4.88 所示。

第四步，单击块编辑右上角的可见性状态管理(Mange Visibility States)按钮，如图 4.88 所示。

第五步，在弹出的对话框中新增可见性状态参数，分别命名为 HP200 × 10、HP200 × 10H、HP300 × 11、HP300 × 11H，如图 4.89 所示，完成以后单击 OK 确认。

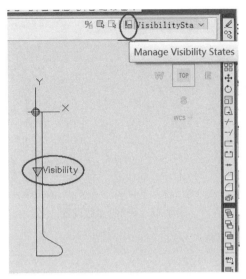

图 4.88　插入可见性参数

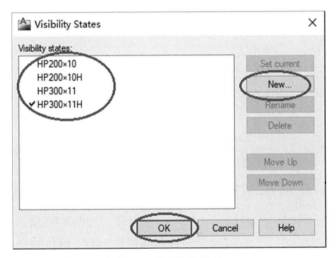

图 4.89　可见性状态

　　第六步，根据当前的可见性状态名称，单击右上角的不可见参数(Make Invisible)，如图 4.90 所示，除了当前名称需要的图形以外，把其余的全部选中，使它不可见。

　　第七步，确认后，把图形基准点移动到圆点，并且添加基准点参数，如图 4.91 所示。

　　第八步，切换可见性状态名称，重复第六步和第七步，使每个可见性状态名称与图形对应，如图 4.92 所示。

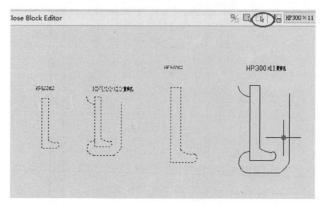

图 4.90　不可见参数设置

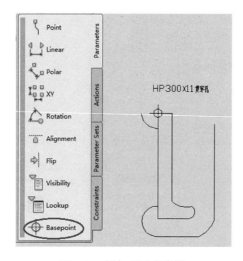

图 4.91　添加基准点参数

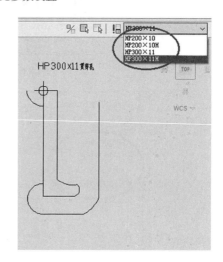

图 4.92　切换可见性状态名称

图 4.93　添加了可见性参数的动态块

第九步，如图 4.92 所示，把所有可见性名称切换一下，确认每一种名称与图形对应，并且基准点都在原点。单击保存并退出块编辑器，如图 4.93 所示，此时的可见性参数已经添加，通过下拉箭头就可以切换不同的形状。

第十步，继续进行块编辑，添加翻转参数(Flip)，如图 4.94 所示，因为需要使球头翻转和高度翻转，所以需要添加水平和垂直两个翻转参数，翻转的基准线为通过插入点的水平线和垂直线。

　　值得注意的是，这个翻转参数需要对所有的可见性状态名称进行添加。

　　添加翻转时，水平状态的翻转基准点和垂直状态的插入点不可以重合，一定要错开，否则后期添加翻转时会不执行。也就是说，不可以是图 4.94(a)所示的状态，应是图 4.94(b)所示的状态。

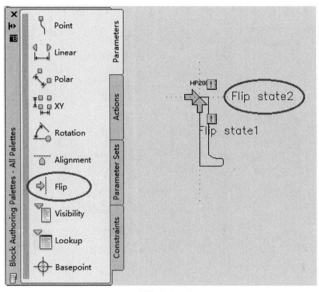

(a) 添加翻转参数

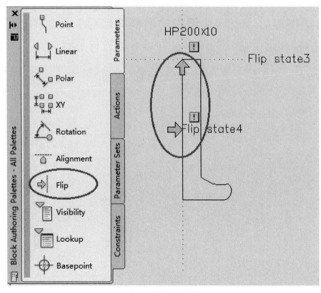

(b) 翻转参数调整

图 4.94　添加翻转参数及其调整

　　第十一步，进行翻转的动作(Actions)。添加完翻转参数后，此时的动态块并不能进行翻转动作，还需要进行执行操作。如图 4.95 所示，选择 Actions 选项中的 Flip。按提示先选翻转的参数，也就是图 4.95 所示的 Flip state3，然后选中图形，此时完成按水平方向翻转的动作，然后继续点 Actions 下的 Flip 命令，按提示选择翻转参数"Flip state4"，再选中图形，即可完成沿垂直方向的翻转动作。

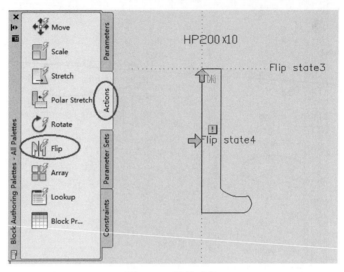

图 4.95　翻转动作

　　完成以上操作以后，退出块编辑对话框并保存，此时的状态如图 4.96 所示。通过左右翻转和上下翻转的箭头，即可对块进行翻转。

图 4.96　完成翻转动作后的动态块

第5章 AutoCAD 自带的 VBA 编程入门

5.1 学习 AutoCAD 自带 VBA 的必要性

为什么要学 VBA 呢？我们又不是专业的程序员，我们是工程师。的确，不学习 VBA 也可以把程序用得很熟，效率也可以很高。但大家试想一下，我们每天画图过程中有哪些工作是重复性的呢？这些重复性的工作有些可以用复制粘贴来实现，有些只是相似的呢？是不是可以用程序来实现。有些人会说了，我们公司还有不少的程序员，可以为我们写这些程序。但隔行如隔山，程序员的思维方式和我们是不一样的，所以求人不如求己。

编程的语言有很多种，为什么要选择 VBA 呢？理由如下。

(1) AutoCAD 内置，不需要安装单独的编程语言。

(2) 语言的可读性强，易于上手，对于业余的我们更适合。

(3) 用得人多，易于交流学习。

5.2 VBA 直线、圆与圆弧

VBA 的程序原则与 Visual Basic 是一样的，所以这里不介绍相关的基础内容，可以自行参考相关内容。

在 AutoCAD 中，画直线需要确定 2 个点，起点和终点，同样，在 VBA 中也需要确定两个点。

第一种方式，以坐标的形式给定两个点。其中，"'"后面的为注释。

Sub Line0() '定义程序名称为"line0"

Dim MyLine as AcadLine '定义 MyLine 为直线

Dim PntSt(2) as double, PntEn(2) as double '定义数组 PntSt 和 PntEn 为双浮点型，它为直线的起点和终点坐标值，因为坐标值包括 X、 Y 和 Z，所以每个数组包括 3 个数值

PntSt(0)=0#:PntSt(1)=0#:PntSt(2)=0# '给起点坐标赋值，0, 0, 0

PntEn(0)=100:PntEn(1)=100:PntEn(2)=0# '给终点坐标赋值，100, 100, 0

Set MyLine=Thisdrawing.Modelspace.Addline(PntSt, PntEn) '在本图中，Model空间中绘制直线，直线的名称为前面定义的"MyLine"，起点和终点坐标为前面

定义的 PntSt 和 PntEn

　　Myline.Color=acRed '给直线赋红色

　　End sub '结束程序

　　上面的示例是给定直线的起点和终点坐标来确定直线，而更多的时候是通过拾取两个点来确定直线。

　　第二种方式，以拾取的形式给定两个点。

　　Sub Line0()

　　Dim MyLine as AcadLine

　　Dim PntSt as Variant, PntEn as Variant

　　With Thisdrawing.Utility 'With 后面的表示缺省，直到 End with

　　PntSt=.getPoint(, "Pick the start point:") '相当于 Thisdrawing.Utility.getPoint……，通过拾取点给数组 PntSt 赋值。

　　PntEn=.getPoint(, "Pick the end point:") '通过拾取点给数组 PntEn 赋值。

　　End with

　　Set MyLine=Thisdrawing.Modelspace.Addline(PntSt, PntEn)

　　Myline.Color=acRed

　　End sub

　　以上是画单一的直线，下面利用判断来连续画线，以回车键或 Esc 键来结束画线。

　　Sub MyLine()

　　On Error Resume Next '在整个图形中循环，在检查到有出错信息后还允许程序继续运行，需要设定出错处理以恢复该错误

　　Dim Pt0 As Variant '定义 Pt0 为数组变量

　　Pt0 = ThisDrawing.Utility.GetPoint(, "Start point") '给 Pt0 赋在图中拾取的点的坐标值

　　If Err Then '如果出错，就

　　Err.Clear '清除数据

　　Exit Sub '退出子程序

　　End If '结束 if

　　Dim PtPrevious As Variant, PtCurrent As Variant '定义数组变量，分别为上一个点和当前点

　　PtPrevious = Pt0 '给上一个点赋值

　　NextPoint: '下一个点

　　PtCurrent = ThisDrawing.Utility.GetPoint(PtPrevious, "Next point") '当前点取值，拾取的点

```
If Err Then
Err.Clear
Exit Sub
End If
Dim MyLine As AcadLine
```
'定义直线
```
Set MyLine = ThisDrawing.ModelSpace.AddLine(PtPrevious, PtCurrent)
```
'画直线，起点为上一个点和当前点
```
PtPrevious = PtCurrent
```
'把当前点的值赋给上一个点，相当于作为下一条直线的起点
```
GoTo NextPoint
```
'进入循环，继续提示拾取点，作为直线的终点
```
End Sub
```

5.2.1　用 VBA 画圆

CAD 中有多种画圆的方式：圆心、半径；圆心、直径；三点；切点、切点和半径。而程序中只给出了一种画圆的方式，即圆心、半径，其余的要通过程序计算来得到。

圆心与半径画圆，圆心可以是 double 型数组，也可以是强制赋值的变量，但最终用在画圆中都是一维的数组。

```
Sub Circle0()
Dim MyCir as AcadCircle, MyCir0 as AcadCircle
```
'定义圆
```
Dim PntCen as Variant
```
'定义中心点作为变量
```
dim PntCen0(2) as double, Dim Radius as double
```
'定义中心点作为数组，双浮点变量，定义半径作为双浮点变量
```
With Thisdrawing.Utility
PntCen=.getPoint(, "Pick the center of the circle:")
```
'拾取中心点 PntCen
```
Radius=.getDistance(, "Input the radius of the circle:")
```
'输入半径
```
End with
PntCen0(0)=0#:PntCen0(1)=0#:PntCen0(2)=0#
```
'给中心点 PntCen0 坐标值 0，0，0
```
With Thisdrawing.ModelSpace
Set MyCir=.AddCircle(PntCen, Radius)
```
'以中心点 PntCen 和半径画圆
```
Set MyCir0=.AddCircle(PntCen0, Radius)
```
'以中心点 PntCen0 和半径画圆
```
End With
MyCir.Color=acRed
MyCir0.Color=acMagenta
```

End sub

5.2.2　用 VBA 画圆弧

VBA 中只有一种画圆弧的方式，包括圆心、半径、起始角、终止角。其他方式需通过程序计算来得到。

圆心与圆一样可以是 double 型数组，也可以是强制赋值的变量，但最终用在画圆弧的都是一维数组。起始角与终止角都是弧度，范围为$[0, 2\pi)$。

```
Sub Arc0()
Dim Arc0 as AcadArc '定义圆弧
Dim PntCen as Variant '定义圆心点
dim Radius as double, AngSt as double, AngEn as double '定义半径、起始角度
```
和终止角度
```
With Thisdrawing.Utility
PntCen=.getPoint(, "Pick the center of the arc:") '拾取圆心点
Radius=.getDistance(, "Input the radius of the circle:") '输入半径
End with
Dim Pi as double '定义圆周率π
Pi=4*Atn(1) '给圆周率π赋值，1 的反正切值为π/4，所以为π为 4 倍的 1 的反
```
正切值
```
AngSt=-Pi/4 '起始角为–π/4
AngEn=3*Pi/4 '终止角为 3π/4，相当于画了一个半圆
Set Arc0=Thisdrawing.ModelSpace.AddArc(PntCen, Radius, AngSt, AngEn) '以圆
```
心、半径、起始角和终止角来画圆弧
```
Arc0.Color=acBlue
End sub
```
思考题：如何用三点来画一个圆。

在 VBA 中用三点画一个圆。

先来回顾一下尺规作图时如何用三点来作圆。先来作其中两个点(Pnt0 和 Pnt1)连线(角度定义为 Ang01)的垂直平分线(Line01)，再作另两个点(Pnt0 和 Pnt2)连线(角度定义为 Ang02)的垂直平分线(Line02)，这两条垂直平分线的交点即为圆心点 PntCen)。在用尺规作图时是以 Pnt0 为圆心，以到 Pnt1 的连线为半径作圆，然后以 Pnt1 为圆心，以连线为半径作圆，两圆交点连线即为垂直平分线。而在此可以确定两点连线的中点 Pnt01 和 Pnt02，以中心为圆心，以任意值为半径，作半圆弧 Arc01 和 Arc02，圆弧的起点和终点连线即为原来直线的垂直平分线。在 VBA 中也可以用这个思路来作这个圆。图 5.1 给出了作图的顺序。

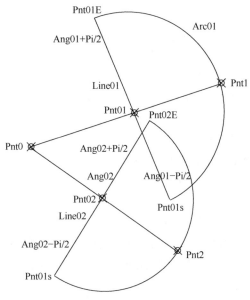

图 5.1　利用三点作圆的方法

下面来看在 VBA 中用三点画一个圆的程序。

Sub ThreePointCircle()

Dim Pnt0 as Variant, Pnt1 as Variant, Pnt2 as Variant '定义圆上的三个点

Dim Ang01 as double, Ang02 as double '定义两点连线所在角度

Dim Pi as double

Pi=4*Atn(1)

Dim Arc01 as AcadArc, Arc02 as AcadArc '定义圆弧

Dim Line01 as AcadLine, Line02 as AcadLine '定义两条垂直平分线

Dim PntCen as Variant '定义圆心

Dim Pnt01S as Variant, Pnt01E as Variant, Pnt02S as Variant, Pnt02E as Variant '定义圆弧 Arc01 和 Arc02 的起点和终点

With Thisdrawing.Utility

Pnt0=.getPoint(, "Pick the first point:") '拾取圆弧上的第 1 个点

Pnt1=.getPoint(, "Pick the second point:") '拾取圆弧上的第 2 个点

Pnt2=.getPoint(, "Pick the third point:") '拾取圆弧上的第 3 个点

Ang01=.AngleFromXAxis(Pnt0, Pnt1) '给 Ang01 赋值，为从 Pnt0 到 Pnt1 的角度

Ang02=.AngleFromXAxis(Pnt0, Pnt2) '给 Ang02 赋值，为从 Pnt0 到 Pnt2 的角度

End with

Dim Pnt01(2) as double, Pnt02(2) as double, i as integer '定义两个中点

For i=0 to 2 Step 1 'For 循环，步长 1，从 0 到 2

Pnt01(i)=(Pnt0(i)+Pnt1(i))/2 '给中点 Pnt01 赋值

Pnt02(i)=(Pnt0(i)+Pnt2(i))/2 '给中点 Pnt02 赋值

Next i

With Thisdrawing.ModelSpace

Set Arc01=.AddArc(Pnt01, 100, Ang01-Pi/2, Ang01+Pi/2) '画半圆弧 Arc01，半径 100，这个半径值可以是任意值

Set Arc02=.AddArc(Pnt02, 100, Ang02-Pi/2, Ang02+Pi/2) '画半圆弧 Arc02，半径 100，这个半径值可以是任意值

Pnt01S=Arc01.StartPoint '把圆弧 Arc01 的起点赋值给 Pnt01S

Pnt01E=Arc01.EndPoint '把圆弧 Arc01 的终点赋值给 Pnt01E

Pnt02S=Arc02.StartPoint

Pnt02E=Arc02.EndPoint

Set Line01=.AddLine(Pnt01S, Pnt01E) '以半圆弧的起点和终点画直线

Set Line02=.Addline(Pnt02S, Pnt02E)

End With

PntCen=Line01.IntersectWith(Line02, AcExtendBoth) '圆心点为两直线的交点，其中直线的延长方式为两直线均向两端无限延长，以确保相交

Dim Radius as double '定义半径

Radius=Distance(PntCen, Pnt0) '半径为圆心点到圆弧上任意一点的距离，这个求两点距离的函数在 VBA 并不存在，需要以子函数的形式进行定义

Dim MyCir as AcadCirCle '定义圆

Set MyCir=ThisDrawing.Modelspace.AddCircle(PntCen, Radius) '以圆心和半径画圆

Line01.delete '删除辅助线

Line02.Delete '删除辅助线

Arc01.Delete '删除辅助半圆

Arc02.Delete '删除辅助半圆

End sub

程序中 Distance 是求两点之间的距离，而 VBA 本身并没有提供这个函数，需要自己定义一个这样的函数，这样的函数就是先用两点画一条直线，VBA 中提供了直线的长度这个函数，所以可以用直线的长度得到，之后再把这条直线删除就可以了。

Private Function Distance(Pt0 as Variant, Pnt1 as Variant) as double '定义以两点为变量求距离的子函数

Dim Line0 as AcadLine '定义直线

Set Line0=Thisdrawing.ModelSpace.AddLine(Pt0, Pt1) '以两点画直线

Distance=Line0.Length '距离为直线的长度

Line0.Delete '删除辅助直线

End Function

思考题:

如何用起点、终点和半径画圆弧?

5.3　VBA 中画多义线

在 VBA 中有多义线和二维多义线,其中二维多义线的一个顶点有 2 个坐标值,而多义线的一个顶点有 3 个坐标值。这里只讲二维多义线,定义为 AcadLWPolyline。

Sub MyPolyline()

Dim MyPline as acadLWPolyline '定义二维多义线

Dim Pnt(7) as double '定义含有 8 个值的数组

Dim PntSt as Variant '定义起点

PntSt=Thisdrawing.Utility.getPoint(, "Pick the start point") '拾取起点

Pnt(0)=PntSt(0):Pnt(1)=PntSt(1) '给数组赋值

Pnt(2)=PntSt(0)+200:Pnt(3)=PntSt(1)

Pnt(4)=PntSt(0)+200:Pnt(5)=PntSt(1)+18

Pnt(6)=PntSt(0):Pnt(7)=PntSt(1)+18

Set MyPline=Thisdrawing.ModelSpace.AddLightWeightPolyline(Pnt) '画二维多义线,多义线所在的点即为数组的 8 个数值,也就是 4 个点

MyPline.Closed=True

MyPline.Color=acGreen

End sub

二维多义线的凸度问题。在 CAD 的二维多义线中有圆弧的问题,在 VBA 中同样也有这个问题,它所实现的圆弧作法就是设置凸度,凸度的值为圆心角 1/4 的正切值。下面以实例来说明这个问题:先画个人孔(图 5.2),图上的 0 与 2 是圆弧的起始点,圆心角为π,所以它的 1/4 为π/4,正切值为 1,其余点的凸度都设为 0。

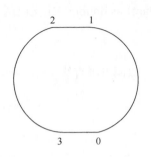

图 5.2　用多义线绘制人孔

下面的程序为以偏离下边界指定数据和左边界指数值绘制指定尺寸的人孔。通过离两个边界的距离和人孔的尺寸算出人孔上 4 个特征点的坐标，也就是二维多义线组成的数组的 8 个数值。

```
Sub Manhole()
Dim MyPline as acadLWPolyline
Dim Pnt(7) as double, MhLength as double, MhHeight as double '定义二维多义线数组、人孔长度、人孔宽度变量
Dim PntBt as Variant, PntLf as Variant '定义底部边上的点和左侧边上的点变量
With Thisdrawing.Utility
PntBt=.getPoint(, "Pick the bottom edge") '拾取参照底边
PntLf=.getPoint(, "Pick the left edge") '拾取参照左边
MhLength=.getDistance(, " Input the manhole length ") '输入人孔长度尺寸
MhHeight=.getDistance(, " Input the manhole height ") '输入人孔宽度尺寸
End With
Pnt(0)=PntLf(0)+MhLength-MhHeight/2:Pnt(1)=PntBt(1) '给数组赋值
Pnt(2)= PntLf(0)+MhLength-MhHeight/2:Pnt(3)=PntBt(1)+MhHeight
Pnt(4)=PntLf(0)+MhHeight/2:Pnt(5)=PntBt(1)+MhHeight
Pnt(6)= PntLf(0)+MhHeight/2:Pnt(7)=PntBt(1)
Set   MyPline=Thisdrawing.ModelSpace.AddLightWeightPolyline(Pnt) '画多义线, 此时的多义线三条边全部为直线, 实际形成了一个开口的矩形
MyPline.Closed=True '对多义线进行封闭
MyPline.SetBulge 0, 1 '第 1 条边的凸度, 为半圆弧
MyPline.SetBulge 1, 0 '第 2 条边的凸度, 为直线
MyPline.SetBulge 2, 1 '第 3 条边的凸度, 为半圆弧
MyPline.SetBulge 3, 0 '第 4 条边的凸度, 为直线
MyPline.Color=acCyan
End sub
```

下面再以一个常用的三角肘板的程序说明凸度的问题。如图 5.3 所示，从点 4 到点 5 的圆心角为 90°，凸度为 $\tan(-\pi/8)$，因为从点 4 到点 5 是顺时针，所以为负值。从点 1 到点 2 的圆弧不需要考虑是顺时针还是逆时针，都是圆心点到点

2 的角度-圆心点到点 1 的角度，也就是 AngEn-AngSt。

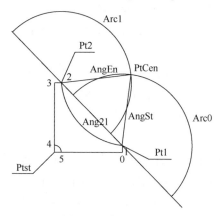

图 5.3　肘板的凸度

Sub Bracket()

Dim MyPline as acadLWPolyline '定义二维多义线

Dim Pnt(11) as double, Radius as double, BraLength as double '定义多义线点的数组，肘板半径、肘板长度

Dim PtSt as Variant '定义肘板插入点

With Thisdrawing.Utility

PtSt=.getPoint(, "Pick the insert point") '拾取肘板插入点

BraLength=.getDistance(, " Input the bracket length ") '输入肘板长度

End With

Pnt(0)=PtSt(0)+BraLength:Pnt(1)=PtSt(1) '多义线数组赋值

Pnt(2)=PtSt(0)+BraLength:Pnt(3)=PtSt(1)+20 '肘板自由边长度 15～35mm，这里取中间值 20mm

Pnt(4)=PtSt(0)+20:Pnt(5)=PtSt(1)+BraLength

Pnt(6) = PtSt(0): Pnt(7) = PtSt(1) + BraLength

Pnt(8) = PtSt(0): Pnt(9) = PtSt(1) + 50 '贯穿孔半径取 50mm，因为肘板长度小于 300 时不需要做成圆弧

Pnt(10) = PtSt(0) + 50: Pnt(11) = PtSt(1)

Set MyPline=Thisdrawing.ModelSpace.AddLightWeightPolyline(Pnt) '画二维多义线

MyPline.closed=True '封闭图形

MyPline.Color=acYellow

Radius=0.12*BraLength '给半径赋值，与肘板长度成正比

Radius=Int(Radius)*10 '给半径的值圆整

Dim Ang21 as double, Pt1(2) as double, Pt2(2) as Double '定义圆心角、点 1 和点 2 的坐标点变量

Dim Arc0 as acadArc, Arc1 as AcadArc '定义以点 1 和点 2 为圆心的半圆弧

Dim PtCen as Variant '定义肘板圆弧的圆心

Dim Pi as double '定义常数π为双浮点数

Pi=4*Atn(1)

Pt1(0)=PtSt(0)+BraLength:Pt1(1)=PtSt(1)+20:Pt1(2)=0# '给圆心点赋值

Pt2(0)=PtSt(0)+20:Pt2(1)=PtSt(1)+BraLength:Pt2(2)=0#

Ang21=Thisdrawing.Utility.AngleFromXAxis(Pt2, Pt1) '给圆心角赋值

With Thisdrawing.ModelSpace

Set Arc0=.AddArc(Pt1, Radius, Ang21, Ang21+Pi) '画半圆弧 Arc0

Set Arc1=.AddArc(Pt2, Radius , Ang21, Ang21+Pi) '画半圆弧 Arc1

End with

PtCen=Arc0.InterSectWith(Arc1, acExtendNone) '给圆心点赋值，为两圆弧的交点，两端不延伸，因为延伸后会有两个交点

Dim AngSt as Double, AngEn as Double '定义直线的起始角和终止角

AngSt=ThisDrawing.Utility.AngleFromXAxis(PtCen, Pt1) '给从圆心到点 1 的角度赋值

AngEn=ThisDrawing.Utility.AngleFromXAxis(PtCen, Pt2) '给从圆心到点 2 的角度赋值

MyPline.SetBulge 0, 0

MyPline.SetBulge 1, Tan((AngEn-AngSt)/4) '圆弧的凸度，为 1/4 圆心角的正切值

MyPline.SetBulge 2, 0

MyPline.SetBulge 3, 0

MyPline.SetBulge 4, Tan(-Pi/8) '过焊孔的圆心角凸度值，由于从点 4 到点 5 是顺时针，所以为负值

MyPline.SetBulge 5, 0

Arc0.Delete '删除辅助圆弧

Arc1.Delete '删除辅助圆弧

End Sub

思考题：

　　还是上面的三角肘板，如果肋板的两条边按照拾取的形式来确定起始角度，这个程序应该如何编写？

　　下面的 T 型材的程序应该如何编写？

　　要求：需要手工输入插入点、腹板高度、腹板厚度、面板宽度、面板厚度、腹板高度方向、腹板厚度方向。

5.4　VBA 编辑 Copy、Move、Array

　　在 AutoCAD 中，Copy、Move、Array、Offset、Rotate、Mirror 都是在用户的干预下进行的可视化操作，而在程序中是不可视的，所以必须有一定的规则才可以进行。下面分别介绍它们的规则。

　　Object.Copy 与 Object.Move。在 VBA 中，Object.Copy 并不像 AutoCAD 中一样，选择基准点，在新的位置生成新的实体，而是在原 Object 的位置上生成一个新实体，需要与 Move 结合使用。例如，

Set Circle1=Circle0.Copy()'Circle1 为 Circle0 的复制品，位置相同

Circle1.Move Cen0, Pnt'把 Cricle1 进行移动，从点 Cen0 移到点 Pnt

　　Array 也像 AutoCAD 中一样，分为矩形阵列与圆形阵列，不同的是它只有一个三维的阵列，所以就多了两组数据，Z 向数量和 Z 向间距。因为不知道返回数据的数量，所以它需要返回给 Variant 数据。例如，

Dim Circles as Variant'定义"圆群体"变量

Circles=Circle0.ArrayRectangular(3,2,1, -2*Radius, 2*Radius, 100)'给"圆群体"赋阵列的值，为圆 Circle0 的矩形阵列，3 行、2 列、Z 向 1 层；行间距为 $-2\times$Radius，列间距$-2\times$Radius，因为只有 1 层，所以层间距随意输入一个值即可。相当于生成了 6 个圆，包括原来的 1 个圆。

For i=0, to 4, Step 1'新生成实体数为 $3\times2\times1-1=5$

Circles(i)=acCyan+i'给每一个新生成的圆赋不同的颜色

Next i

其中，赋值的顺序为先行后列，如果数据为式(5.1)所示，则顺序为

$$\begin{vmatrix} A11 & A12 & A13 \\ A21 & A22 & A23 \\ A31 & A32 & A33 \end{vmatrix} \tag{5.1}$$

式中，$A11$ 为原来的实体，新生成的 5 个实体依次为 $A12$、$A13$、$A21$、$A22$、$A23$、$A31$、$A32$、$A33$。

ArrayPolar(number,TotalAngle,Center)，第 1 个参数为阵列的数量，第 2 个参

数为要阵列的角度范围，用弧度表示，第 3 个参数为阵列的中心点。例如：

Set Circles=Circle0.ArrayPolar(6, 8*atn(1), Pnt)

5.5　VBA 编辑 Offset

在 AutoCAD 绘图时，Offset 是用鼠标确认的，是在人机交互情况下进行的，是可视化的。而在程序中，是自动进行的，所以需要一定的规则。

Object.Offset distance 对于直线，正值是按逆时针偏移的。注意，在 AutoCAD 中，直线实际上是一个矢量，看上去一样的两条直线，如果起点和终点的位置互换，那么它在平面内的角度就相差 180°。如图 5.4(a)Line0 矢量方向斜向上 Offset 100 之后向上偏移 100mm。

对于圆，正值是向外偏移，负值为向内偏移。图 5.4(b)Circle0.Offset 100 向外偏移 100mm。

同样，对于多义线，若多义线本身是逆时针的，则正值向外偏移；若多义线本身是顺时针的，则正值向内偏移，负值向外偏移。其中，多义线是逆时针还是顺时针，和直线一样，取决于绘制时各个点的顺序。

图 5.4(a)为 Line0.Offset 100；图 5.4(b)为 Circle0.Offset 100；图 5.4(c)Pline 为逆时针方向。Offset 50 为向外偏移 50mm；图 5.4(d)Pline 为顺时针方向 Offset 50 为向内偏移 50mm。

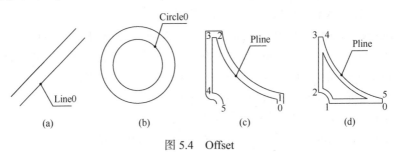

图 5.4　Offset

5.6　VBA 编辑 Rotate、Mirror

Object.Rotate BasePoint, Angle 第 1 个参数是旋转的基准点，第 2 个参数为旋转的弧度，正值为逆时针，负值为顺时针。例如，

Bulb.Rotate Pnt0, AngH-Pi/2 '把 Bulb 进行旋转，基准点为 Pnt0，旋转角度为 AngH-Pi/2

镜像，同 AutoCAD 绘图中一样，对称轴也是取 2 个点，语法如下。

Object.Mirror Point1, Point2 或 Set Object1=Object.Mirror(Point1, Point2)。例如，

Set Pline0=Bulb.Mirror(Pnt0, Pnt1)，建议采用第二种方式，因为第一种方式得到的实体没有命名，管理起来十分不方便。

如果镜像只保留镜像后的实体，而把原来的删除，则在 AutoCAD 中输入"Y"可以把镜像前的源实体删除，而在 VBA 中没有这个参数，需要增加一个删除源实体的语句：

Object.delete

5.7　VBA 文字标注

在 AutoCAD 中，标注文字需要设置字高、字体样式、插入点、对齐方式和行间距等。同样，在 VBA 中也需要设置这些参数，语法为

Function AddMText(InsertionPoint, Width As Double, Text As String) As AcadMText

其中，括号内依次是插入点、多行文本宽度、内容。例如，

Set TxtObj=ThisDrawing.ModelSpace.AddMtext(Point, 0, "活到老，学到老" + vbCr+"学无止境" + vbCr+ "三人行必有我师"+ vbCr)

其中，vbCr 表示回车。

LineSpacingFactor 表示行间距，例如，TxtObj.LineSpacingFactor=1.5，表示行间距 1.5 倍

AttachmentPoint 为对齐方式，分为 acAttachmentPointBottomCenter、acAttachmentPointBottomLeft、acAttachmentPointBottomRight、acAttachmentPointMiddleCenter、acAttachmentPointMiddleLeft, acAttachmentPointMiddleRight、acAttachmentPointTopCenter、acAttachmentPointTopLeft、acAttachmentPointTopRight。例如，

TxtObj.AttachmentPoint=acAttachmentPointBottomLeft '多行文本的对齐方式为底部左对齐

字体样式需要先进行加载，需要指定文件所在的位置和文件名。例如，

Set MyTxt=ThisDrawing.TextStyles.Add("MyTxt") '添加文本样式

MyTxt.FontFile= "c:\windows\fonts\Arial.ttf" '文本样式的路径

MyTxt.Height=0 '字高为 0

MyTxt.Width=0.75 '字体宽度

MyTxt.ObliqueAngle=ThisDrawing.Utility.AngleToReal(15,0) '倾斜角度 15°

注意：这里指的字高不必设定，因为后期还会设定文字的高度。

这里的 AngleToReal 里面有 2 个参数，前面的表示数值，后面的表示单位，其中 0 表示 acDegrees，1 表示 acDegreeMinuteSeconds，2 表示 acGrads，3 表示 acRadians。

Height 表示字高，StyleName 表示字体样式。例如，

TxtObj.Height=100 '设定字高 100

TxtObj.StyleName= "MyTxt" '字体样式的名称为 "MyTxt"

TxtObj.AttacmentPoint=acAttachmentPointBottomLeft '文本的对齐方式为左下对齐

5.8　VBA 其他辅助功能——Debug.Print、MsgBox

Debug.Print 是立即窗口，用来显示程序运行的结果。更多是用来进行程序调试用，可以即时确定是否满足设定的要求。例如，

Sub Perimeter()

Dim Pi as double '定义常数π

Pi=4*Atn(1)

Dim R as double, S as double '定义半径和周长

R=Thisdrawing.Utility.GetDistance(, " Input the radius of the circle ") '输入圆的半径

S=2*Pi*R '周长公式

Dim Area as Double '定义面积

Area=Pi*R^2 '面积公式

Debug.Print " The circle's perimeter is " +CSTr(S)+vbCrLf+ " The circle's area is " + CSTr(Area)+vbcrlf

'在立即窗口显示 "The cirlce's perimeter is '周长 s 的值'"，其中 CSTr 是转化为字符

vbCrLf 是下一行

"The circle's area is '面积的值'"，后面跟回车符号，跳到下一行

End sub

程序运行结果是：

Input the radius of the circle 50

输入 50 并回车后，在立即窗口出现下面的文字：

The circle's perimeter is 314.159265358979

The circle's area is 7853.98163397448

MsgBox 是对话框，有 5 个选项，分别为：0 只有确认按键，1 有确认和取消按键，2 有终止、重试与忽略按钮，3 有是、否、取消按键，4 有是和否 2 个按钮。

确定以后可以得到 7 个值，分别为：1 确认，2 取消，3 终止，4 重试，5 忽略，6 是，7 否。例如，

```
Sub TestMsgBox()
Dim MyStr1 As String, MyStr2 As String '定义字符串
Dim MyComp0 As Single, MyComp1 As Single, MyComp2 As Single '定义比较大
小的返回值，单精度值
MyStr1 = "ABCD" '给字符串赋值
MyStr2 = "abcd"
MyComp0 = StrComp(MyStr1, MyStr2, 1) '返回文本比较值
MyComp1 = StrComp(MyStr1, MyStr2, 0) '返回字符串的二进制比较值，也就
是比较字符串的 ASCII 码
MyComp2 = StrComp(MyStr2, MyStr1) '返回字符串的二进制比较值
MsgBox "MyComp0=" + CStr(MyComp0) + vbCrLf + "MyComp1=" + CStr(MyComp1)+
vbCrLf + "MyComp2=" + CStr(MyComp2) + vbCrLf
End Sub
```

其中，StrComp 是比较函数，如果前面的数大，返回 1，如果前面的数小，返回–1，如果相等，返回 0。后面的参数为 1，进行文本比较；后面的为 0 或缺省，进行二进制比较。

根据这个规则，上面的程序运行结果如下。

MyComp0 = 0 '文本值比较，不分大小写，内容一样，所以比较结果是相等

MyComp1 = -1 '因为大写 A 的 ASCII 码为 65，小写 a 的 ASCII 码为 97，所以 MyStr1< MyStr2，比较结果为前者小。

MyComp2 = 1 '同上，比较结果为前者大

下面设定了一个密码验证程序。

```
Sub MyPassword()
Dim Success As Boolean '定义布尔运算变量，结果只有 2 个，True 或 False
Dim Password As String '定义密码作为字符串
Dim Number As Integer '定义数字为整型
Number = 0 '初始化数字为 0
```

```
Success = False '初始化 Success 为 False
Dim Msg As Integer '定义整型变量
Start: '开始
Password = InputBox("input the password please", "Test your ID") '在对话框中
```
输入密码
```
Number = Number + 1 '记录密码输入的次数
If StrComp(Password, "System", 0) = 0 Then '如果密码正确
Success = True 'Success 为真
Msg = MsgBox("Congratulate you pass it successfully", 0) '弹出对话框
```
"Congratulate you pass it successfully"
```
MsgBox "Msg=" + CStr(Msg) + vbCrLf '对话框显示 "Msg= Congratulate you
```
pass it successfully", 并且进入下一行
```
ElseIf Number < 4 Then '如果密码不正确, 并且输入次数小于 4 次, 继续
```
执行
```
Msg = MsgBox("Input again", 2) '弹出对话框 "Input again"
If Msg = 3 Then '如果输入的次数达到 3 次
MsgBox "Msg=" + CStr(Msg) + vbCrLf '弹出对话框 Msg=3, 回车
docmd.Quit '退出
ElseIf Msg = 4 Then '否则 Msg = 4
MsgBox "Msg=" + CStr(Msg) + vbCrLf '弹出对话框 Msg=4, 回车
GoTo Start '返回开始
Else '否则
MsgBox "Msg=" + CStr(Msg) + vbCrLf '弹出对话框 Msg=当前值, 相当于重新
```
计数
```
docmd.Quit '退出
End If
Else
MsgBox "Msg=" + CStr(Msg) + vbCrLf
docmd.Quit
End If
End Sub
```

5.9　从 Excel 中读取数据

我们会经常利用 Excel 表格来处理数据, 用这些数据来作图非常有用。下面

就用一个实例程序来说明这个问题。

　　需要注意的是，在运行程序之前，先要进行一下设置。打开 Tools\
References，选上 Microsoft Excel 11.0 Object Library 和 Microsoft Visual Basic for
Applications Extensibility 5.3 两个选项，如图 5.5 所示。

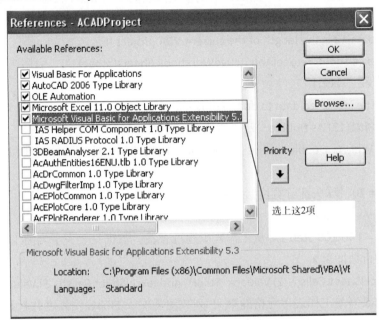

图 5.5　AutoCAD 中读取 Excel 数据的设置

　　从 Excel 中读取数据的程序示例：

Private Function BulbFlat(ByVal Pnt0 As Variant, ByVal BulbH As Double, ByVal
BulbT As Double) As AcadLWPolyline '绘制球扁钢子函数，以插入点、高度、厚度
确定，绘制为二维多义线

　　Dim excelApp As New excel.Application '定义 Excel 表格文件

　　Dim excelSheet As excel.Worksheet '定义 Excel 工作表

　　'Get the current project path

　　Dim strFile As String '定义文件名为字符串

　　strFile = ThisDrawing.Application.VBE.ActiveVBProject.FileName '定义它为当前
图中的 Excel 文件名，这个是标准格式，直接复制即可

　　'run excel application

　　Set excelApp = CreateObject("excel.application") '打开 Excel

　　excelApp.Visible = False '让 Excel 在后台运行，不可见，以免影响正常的工
作或者不得对表格进行修改

```
'open the indicated excel file and get the indicated sheet
excelApp.Workbooks.Open Left$(strFile, Len(strFile) - 12) + "MyExcel.xls"
```
'打开文件"MyExcel.xls"，文件的路径为当前 VBA 运行的路径，12 为当前 VBA 程序的字节长，包括扩展名，例如，本例中文件名为"ProExcel.dvb"，加上扩展名共 12 个字节，就得到文件的路径，然后加上后面的文件名(含扩展名)。

```
'the data 12 is the length of the current VBA project file.
Set excelSheet = excelApp.ActiveWorkbook.Sheets("sheet1")
```
'引用当前工作簿中的工作表"sheet1"

```
'use the indicated data to do the drawing
Dim Pnt1(13) As Double
```
'定义数组为双浮点变量

```
Dim Wid As Double, radius As Double
```
'定义球扁钢球头部分宽度和球头倒角半径

```
Wid = 20
```
'球头部分宽度给定初始值

```
Dim i As Integer
For i = 1 To 100 Step 1
```
'从工作表中逐行查找，数据只要大于当前工作表中需要数据的行数即可

```
If excelSheet.Cells(i, 2).Value = BulbH And excelSheet.Cells(i, 3).Value = BulbT Then
```
'如果当前工作表单元格的第 2 列数值为输入的球扁钢高度并且第 3 列的数值为球扁钢的厚度，执行下一行

```
Wid = excelSheet.Cells(i, 4).Value
```
'球头部分宽度值在表中第 4 列

```
radius = excelSheet.Cells(i, 5).Value
```
'球头倒角半径在表中第 5 列

```
Exit For
End If
Next i
Dim pt0(2) As Double, Pt3(2) As Double, pt2(2) As Double, Pt5(2) As Double
Dim PtCen(2) As Double
Dim pt1 As Variant, Pt4 As Variant, Pt6 As Variant, Pt7 As Variant, Pt8 As Variant
Dim Line0 As AcadLine
Dim Arc0 As AcadArc, Arc1 As AcadArc
Dim Pi As Double
Pi = 4 * Atn(1)
pt0(0) = Pnt0(0) + Wid - radius: pt0(1) = Pnt0(1) + BulbH - radius: pt0(2) = 0
```
'球头圆弧的圆心赋值

Set Arc0 = ThisDrawing.ModelSpace.AddArc(pt0, radius, 5 * Pi / 3, Pi / 2) '画球头部分的圆弧

pt1 = Arc0.startPoint

Pt6 = Arc0.endPoint

pt2(0) = pt1(0) - Wid * Cos(Pi / 6): pt2(1) = pt1(1) - Wid / 2: pt2(2) = 0

Pt3(0) = Pnt0(0) + BulbT: Pt3(1) = Pnt0(1) + BulbH: Pt3(2)=0

Pt5(0) = Pnt0(0) + BulbT: Pt5(1) = Pnt0(1): Pt5(2) = 0

With ThisDrawing.ModelSpace

Set Line0 = .AddLine(pt1, pt2)

Set line1 = .AddLine(Pt5, Pt3)

End With

Pt4 = Line0.IntersectWith(line1, acExtendBoth) '直线的交点，两端延伸

　　为了更清楚地理解各点的设置，画出辅助图，如图 5.6 所示，为上面各点的设置情况。

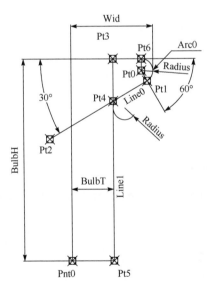

图 5.6　球扁钢程序设置的点

　　PtCen(0) = Pnt0(0) + radius + BulbT: PtCen(1) = Pt4(1) - Tan(Pi / 6) * radius: PtCen(2) = 0 '球扁钢腹板侧圆弧的圆心赋值，编号定义如图 5.7 所示。

Set Arc1 = ThisDrawing.ModelSpace.AddArc(PtCen, radius, 2 * Pi / 3, Pi)

Pt7 = Arc1.endPoint

Pt8 = Arc1.startPoint

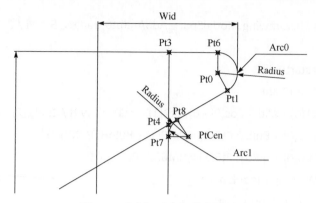

图 5.7　球扁钢球头部分的设置

Pnt1(0) = Pnt0(0): Pnt1(1) = Pnt0(1)

Pnt1(2) = Pnt0(0) + BulbT: Pnt1(3) = Pnt0(1)

Pnt1(4) = Pt7(0): Pnt1(5) = Pt7(1)

Pnt1(6) = Pt8(0): Pnt1(7) = Pt8(1)

Pnt1(8) = pt1(0): Pnt1(9) = pt1(1)

Pnt1(10) = Pt6(0): Pnt1(11) = Pt6(1)

Pnt1(12) = Pnt0(0): Pnt1(13) = Pnt0(1) + BulbH

'以上操作是为二维多义线的数组赋值

Line0.Delete

line1.Delete

Arc0.Delete

Arc1.Delete

'以上操作是删除辅助线

Set BulbFlat = ThisDrawing.ModelSpace.AddLightWeightPolyline(Pnt1) '画球扁钢的二维多义线

BulbFlat.Closed = True '封闭图形，也就是从 12 点到 1 点的直线

BulbFlat.SetBulge 0, 0

BulbFlat.SetBulge 1, 0

BulbFlat.SetBulge 2, Tan(-Pi / 12) '设置腹板侧的圆弧凸度

BulbFlat.SetBulge 3, 0

BulbFlat.SetBulge 4, Tan(5 * Pi / 24) '设置球头的圆弧凸度

BulbFlat.SetBulge 5, 0

BulbFlat.SetBulge 6, 0

'exist the excel application

```
excelApp.Quit '退出 Excel 程序
End Function
Public Sub UseExcel() '主程序
Dim Pnt0 As Variant
Dim BulbH As Double, BulbT As Double
Dim PtH As Variant, PtT As Variant
Dim AngleH As Double, AngleT As Double
With ThisDrawing.Utility
Pnt0 = .GetPoint(, "insert point") '拾取球扁钢的插入点
BulbH = .GetDistance(, "input the bulb flat height") '输入球扁钢的高度
BulbT = .GetDistance(, "input the bulb flat thickness") '输入球扁钢的腹板厚度
PtH = .GetPoint(, "input the bulb flat height direction") '拾取球扁钢的高度方向
PtT = .GetPoint(, "input the bulb thickness direction") '拾取球扁钢的厚度方向
AngleH = .AngleFromXAxis(Pnt0, PtH) '获取高度方向的弧度
AngleT = .AngleFromXAxis(Pnt0, PtT) '获取厚度方向的弧度
End With
Dim ltfind As Double
ltfind = 0 'Mark the linetype is to be found or not
For Each Entry In ThisDrawing.Linetypes 'loop in the present linetypes
If StrComp(Entry.Name, "HIDDENH") = 0 Then 'if the linetype name is "HIDDENH"
'在图形中查找线型，如果没有就进行添加
ltfind = 1 'It means we have found the linetype
Exit For 'quit loop
End If
Next Entry 'go on loop
If ltfind = 0 Then 'if we have not found the linetype
ThisDrawing.Linetypes.Load    "HIDDENH",   "mainscantlingcad.lin"    'load   the
linetype
'这个线型定义在自定义线型文件"mainscantlingcad.lin"中，如果没有，需
要添加或者自己定义一个文件名和线型
End If
ltfind = 0 'Mark the linetype is to be found or not. 0 is yes and 1 is no
For Each Entry In ThisDrawing.Linetypes 'loop in the present linetypes
If StrComp(Entry.Name, "CENTERH") = 0 Then 'if the linetype name is "CENTERH"
'查找线型"CENTERH"，如果没有，就进行添加
```

```
ltfind = 1 'It means we have found the linetype
Exit For 'quit loop
End If
Next Entry 'go on loop
If ltfind = 0 Then 'if we have not found the linetype
ThisDrawing.Linetypes.Load "CENTERH", "mainscantlingcad.lin" 'load the linetype
```
'这个线型定义在自定义线型文件"mainscantlingcad.lin"中，如果没有，需要添加或者自己定义一个文件名和线型
```
End If
Dim lay0 As AcadLayer, lay As AcadLayer
Dim lay1 As AcadLayer, lay2 As AcadLayer
Dim find As Double
find = 0
For Each lay0 In ThisDrawing.Layers
If lay0.Name = "Section(s)-h" Then
```
'在图中查找图层，如果没有，就进行添加
```
find = 1
Exit For
End If
Next lay0
If find = 0 Then
Set lay1 = ThisDrawing.Layers.Add("Section(s)-h")
```
'添加图层 lay1.color = acCyan '给图层定义颜色
```
lay1.Linetype = "continuous"
```
'给图层定义线型
```
End If
find = 0
For Each lay0 In ThisDrawing.Layers
If lay0.Name = "Section(h)-h" Then
```
'查找图层，如果没有，就进行添加
```
find = 1
Exit For
End If
Next lay0
If find = 0 Then
Set lay = ThisDrawing.Layers.Add("Section(h)-h")
```
'如果没有图层"Section(h)-h"，就进行添加

```
lay.color = acCyan '给图层定义颜色
lay.Linetype = "HIDDENH" '给图层赋线型
End If
find = 0
For Each lay0 In ThisDrawing.Layers
If lay0.Name = "Stiffen(s)-h" Then '查找图层 "Stiffen(s)-h"
find = 1
Exit For
End If
Next lay0
If find = 0 Then
Set lay2 = ThisDrawing.Layers.Add("Stiffen(s)-h") '如果没有，添加图层
lay2.color = acGreen '定义颜色
lay2.Linetype = "CENTERH" '定义线型
End If
Dim PlineObj As AcadLWPolyline
Set PlineObj = BulbFlat(Pnt0, BulbH, BulbT) '画二维多义线，调用子函数
"BulbFlat"
PlineObj.Layer = "section(s)-h" '赋图层
PlineObj.color = acByLayer '赋随层的颜色
PlineObj.Lineweight = acLnWtByLayer '赋随层的线宽
PlineObj.Linetype = "bylayer" '赋随层的线型
Dim Pi As Double
Pi = 4 * Atn(1)
Dim PlineObjM As AcadLWPolyline
PlineObj.Rotate Pnt0, AngleH - Pi / 2
If (AngleH >= 3 * Pi / 2 And AngleH - AngleT > 0.99 * 3 * Pi / 2 And AngleH -
AngleT < 1.01 * 3 * Pi / 2) Or (AngleH < 3 * Pi / 2 And AngleT - AngleH > 0.999 * Pi / 2
And AngleT - AngleH < 1.01 * Pi / 2) Then '定义旋转角度，根据拾取的方向判断，
其方向精度设置有点大，可以适当调整
Set PlineObjM = PlineObj.Mirror(Pnt0, PtH) '根据需要进行镜像
PlineObj.Delete '删除镜像的源
End If
End Sub
```

第 6 章　海洋工程结构物 CAD 制图实例

海洋工程的结构图纸在每个公司都有不同的标准，但基本原则都是参考的《船舶制图》或类似的标准。不同的是图框，字体样式、字体大小基本上都在 2～3mm(打印出来后的字体)，标题为绘图字高的 2 倍左右，相关的简写，如 B 或 B.表示肘板，BT 表示防倾肘板(有的也用 B 表示)，S 表示端部削斜，W 表示端部直接焊接等。如果不清楚公司内部的制图标准，可以找一份原来的图纸作为参考。下面介绍具体的操作步骤。

结构图纸制作分为以下几个步骤。

第一步：收集相关的输入文件，包括节点图册、总布置图、舱室布置图、图例、防火布置图、项目图框等。如果是详细设计和施工设计，还会有相关的上游输入的结构图纸。

第二步：确定绘图比例，通常结构专业的图纸采用 1∶100、1∶50、1∶25 等比例输出。

第三步：根据所绘制图纸的范围确定采用的图框大小，尽可能从 A3、A2、A1 和 A0 中选择小的图框。

第四步：选择结构图纸模板。如果没有现成的模板，可以选择一个参考图纸制作成模板。就是打开相应的参考图纸后另存为模板文件，如图 6.1 所示。

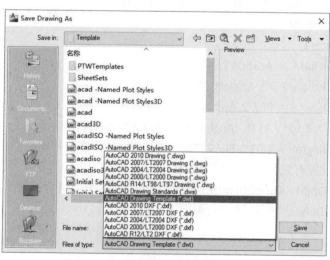

图 6.1　另存为模板文件

第五步：绘制图纸，由于制图的过程前面已经介绍了，这里不再赘述。

第六步：进行图标注。在标注时需要根据输出比例确定标注比例，具体操作参考 3.1 节标注设置。

第七步：插入图框。插入图框分为两种方式：一种是插入 CAD 的"Model"中，另一种是插入"Layout"中。下面分别介绍两种不同的图框处理方式。

第一种插入 CAD 的"Model"中。由于图纸存在不断的修改、移动等过程，为了图形操作方便，需要把图框制成图块，把其中的图名、图号、页数、页码、版本等作为块属性。具体的操作可以参考 1.9 节块和块属性。

插入后的图形如图 6.2 所示。由于本例中输出比例为 1∶100，需要把图框放大 100 倍。

第二种方式是把图框放在"Layout"里。此时无论输出比例是多少，图框都采用 1∶1，为了能够打印出图框的边框，通常需要把图纸缩小到原来的 96%～98%。下面再次就"Layout"中的设置进行介绍。

(1) "Layout"中右键单击，如图 6.3 所示，选择"Page Setup Manager"。

(2) 在弹出的页面管理对话框中选择"Modify"，如图 6.4 所示。

(3) 在弹出的"Layout"页面设置对话框中的设置与打印对话框类似，如图 6.5 所示。在"Printer/plotter"选择打印机，由于通常先打印成 PDF，所以这里可以选择 PDF 打印。在"Paper size"中选择图纸幅面，如果不确定多大的幅面合适，可以先估一个，不合适可以在后面更改。在"plot area"中按默认设置的"Layout"即可。在"Plot scale"中选择"1∶1"，这里无论最终的图纸输入比例是多少都选 1∶1。在"Plot style table"中选单色打印"monochrome.ctb"，并且勾选"Display plot styles"，这样在"Layout"中看到的结果就和打印出来的一样了。在最下面的"Drawing orientation"中选对图纸方向，通常为横向，即"Landscape"。

(4) 删除刚设置的"Layout"这一页中的全部内容，此时在当前的"Layout"中看到的为空白。

(5) 输入命令"mv"，或者单击下拉菜单中的"View\Viewports\1Viewport"，然后直接空格，选默认的"fit"，此时"Model"中的所有内容都显示在当前的"Layout"中。

(6) 双击进入"Layout"，利用鼠标的缩放功能把需要放在当前页的图形放大，并且放在大致图纸的中心位置。

(7) 输入"z"或"zoom"和空格来调整输出比例。

(8) 根据提示输入"s"和空格。

(9) 输入比例，如当前为 1∶100 输出，就输入 1/100xp。

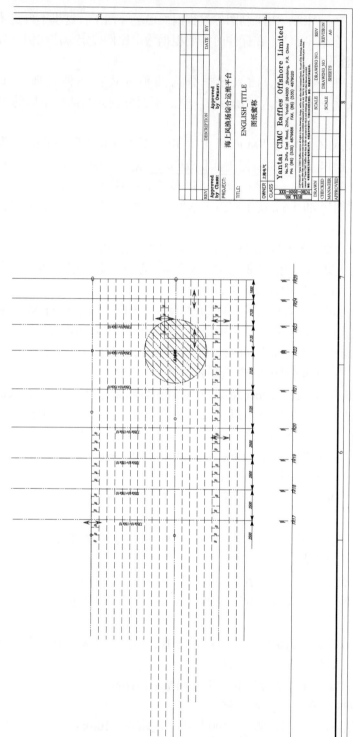

图6.2　Model空间中的图框

图 6.3　"Layout"设置

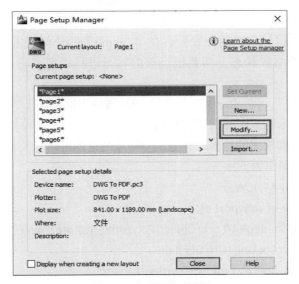

图 6.4　页面设置对话框

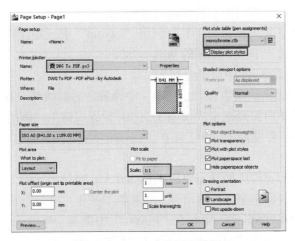

图 6.5　Layout 中的页面设置

整个缩放的操作过程如下：

Command: z ZOOM

Specify corner of window, enter a scale factor (nX or nXP), or

[All/Center/Dynamic/Extents/Previous/Scale/Window/Object] <real time>: s

Enter a scale factor (nX or nXP): 1/100xp

(10) 此时图形就是按需要的比例输出了，如 1∶100。如果图纸放置的位置不合适，可以对图形进行移动。按住鼠标的中键进行平移，切记不可以滚动滚轮，把图形放置在合适的位置，如果发现当前的图纸放不下图形或者边上空出太多，可以返回第(3)步进行图纸幅面的调整。

(11) 把图形移到合适的位置后，在"Layout"的外侧双击即可退出缩放。为了保持当前的缩放状态，需要把当前的状态进行锁定，输入命令"mv"和空格。

(12) 输入"L"，即"Lock"，对当前的状态进行锁定。

(13) 根据提示输入"on"，即打开锁定。

(14) 选择当前视图的边界线并且按空格键结束即可。

锁定过程的操作如下：

Command: mv MVIEW

Specify corner of viewport or

[ON/OFF/Fit/Shadeplot/Lock/Object/Polygonal/Restore/LAyer/2/3/4] <Fit>: l

Viewport View Locking [ON/OFF]: on

Select objects: Specify opposite corner: 1 found

Select objects:

进行锁定以后就不用担心被移动位置或放缩了。

(15) 加图框，把图框按 1∶1 复制到"Layout"中，并且放置到适当位置，注意需要把图框适当缩小到原来的 96%～98%。

注意：在"Layout"中由于全部为 1∶1，而在"Model"中绘图是按输出比例调整全局线型比例，所以在"Layout"中看着合适的线型放在"Model"中会不合适。因此绘图时需要把全局线型比例 lts 设置成输出比例的倒数，如输出比例为 1∶100，lts 要设置成 100，而在"Layout"中看图或者打印时，需要把 lts 设置成 1。

在图纸的绘制过程中经常需要用到局部放大。当输出比例为 1∶100 时，如果需要放大 5 倍打印出来才能看清楚，也就需要按 1∶20 进行输出。局部放大图形的绘制和标注在"Model"中与在"Layout"中都不一样。

如果局部放大放在"Model"空间中，需要把图形放大，并放置在图框内，标注样式按下面进行设置。

(1) 输入命令"d",在弹出的对话框中单击"new",如图 6.6 所示。

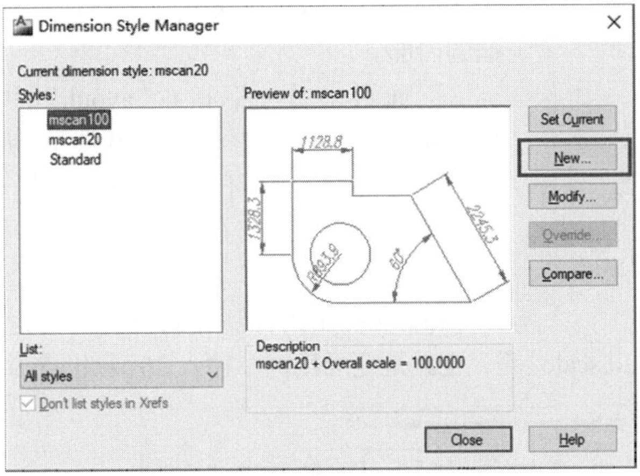

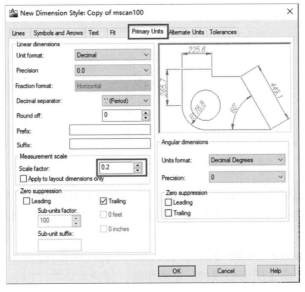

图 6.6 进行局部放大标注样式设置

(2) 在弹出对话框中输入新标注样式的名称后,单击"Continue"。

(3) 在弹出对话框中找到"Primary Units",如图 6.7 所示,在"Scale factor"中输入 0.2,其余参数不变。

图 6.7 局部放大标注样式

(4) 进行局部放大图形的尺寸标注,如图 6.8 所示。

在"Model"中,局部放大图形中的标注字体和标题大小与不放大的是一样

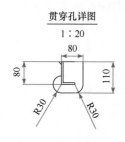

贯穿孔详图

1∶20

图 6.8　局部放大图形

的，只是标注时的数值比例(即 Scale factor)不一样，该比例值与放大倍数的乘积为 1，并且图形一定要放在图框的内部。

下面再来看一下在"Layout"中局部放大的图形，还是以上面的 1∶20 输出局部图形为例。图形仍然是按 1∶1 绘制，不需要放大。同样也要进行标注样式的设置。前 2 步与在"Model"中一样，后面的步骤如下。

(5) 在弹出的标注样式设置中找到"Fit"，在右下角的"Use overall scale of"，也就是全局比例中输入 20，如图 6.9 所示。

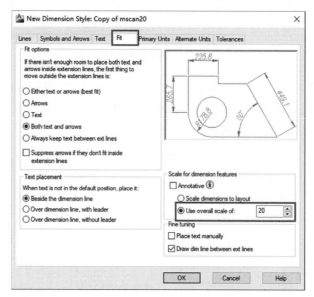

图 6.9　在"Layout"中局部放大图形的标注样式设置

(6) 利用上述步骤设置的新标注样式进行标注，此时的字体是 1∶100 标注的 1/5，同样，标题也按 1∶100 的 1/5 设置。换一种说法就是按输出比例 1∶20 进行设置。

(7) 在"Layout"中的局部放大图形是放置在图框(理论中的)外面的。在"Model"空间中离主图形要保持一定的距离，而它需要在"Layout"中按 1∶20 输出。

下面介绍如何输出。

(1) 在"Layout"中绘制一矩形，该矩形放置在不可打印的"Defpoints"图层中。

（2）在下拉菜单中选"View\viewports\Object"，然后选中刚绘制的图形，并且按空格键确认。

（3）在矩形框内双击，用滚轮放大图形，把需要局部放大的图形放置在矩形框中间，效果如图 6.10 所示。

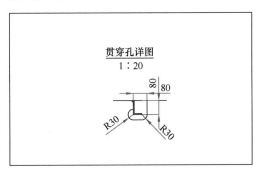

图 6.10　在"Layout"中输出的局部放大图形

（4）输入命令"z"，然后输入空格，对该局部图形进行比例调整。

（5）根据提示命令输入"s"，然后输入空格，进行比例缩放。

（6）根据提示输入比例 1/20xp，然后输入空格，注意输入的比例格式。此时的效果如图 6.11 所示，在矩形框的外面双击。

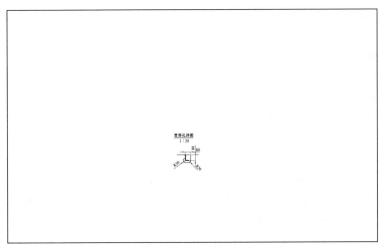

图 6.11　调整成 1：20 比例后的图形

整个局部比例的命令行如下：

Command: z ZOOM

Specify corner of window, enter a scale factor (nX or nXP), or

[All/Center/Dynamic/Extents/Previous/Scale/Window/Object] <real time>: s

Enter a scale factor (nX or nXP): 1/20xp

从图 6.11 可以看出，输出的图形只占矩形框的一小部分，此时可以通过调整矩形框的大小和位置进行调整。值得注意的是，此时一定要在图框外双击以后进行。进行大小调整时，通过拖动矩形框四条边的中点来完成。如图 6.12所示。

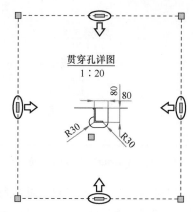

贯穿孔详图
1∶20

图 6.12　通过拖动矩形框的大小来调整大小

当然，也可以通过调整输出比例来完成，如调整为 1∶5 输出，只需要重复上面的步骤，把输出比例参数 1/20xp 改为 1/5xp，然后把相应的标注样式全局比例 20 改为 5。

(7) 把当前的状态进行锁定，输入命令"mv"和空格。

(8) 输入"L"，即"Lock"对当前的状态进行锁定。

(9) 根据提示输入"on"，即锁定打开。

(10) 选择矩形框并且按空格键结束即可。

锁定过程的操作如下。

Command: mv MVIEW

Specify corner of viewport or

[ON/OFF/Fit/Shadeplot/Lock/Object/Polygonal/Restore/LAyer/2/3/4] <Fit>: l

Viewport View Locking [ON/OFF]: on

Select objects: Specify opposite corner: 1 found

Select objects:

进行锁定以后就不用担心被移动位置或缩放了。